FORSCHUNGSBERICHTE DES LANDES NORDRHEIN-WESTFALEN

Nr. 1620

Herausgegeben

im Auftrage des Ministerpräsidenten Dr. Franz Meyers

von Staatssekretär Professor Dr. h. c. Dr. E. h. Leo Brandt

Prof. Dr.-Ing. Edgar Rößger
Dipl.-Ing. Günther Sögtrop

Institut für Flugführung und Luftverkehr der
Technischen Universität Berlin

Der Überschall-Luftverkehr

Teil I:
Grundlagen der Technik und des Betriebes von
Überschall-Verkehrsflugzeugen für den gewerblichen Luftverkehr

SPRINGER FACHMEDIEN WIESBADEN GMBH 1966

ISBN 978-3-663-19972-4 ISBN 978-3-663-20320-9 (eBook)
DOI 10.1007/978-3-663-20320-9
Verlags-Nr. 2011620

Ursprünglich erschienen bei Westdeutscher Verlag, Köln und Opladen 1966
Gesamtherstellung: Westdeutscher Verlag

Vorwort

Die vorliegende Arbeit will eine Übersicht über die mit der Einführung von Überschall-Flugzeugen in den gewerblichen Luftverkehr zusammenhängenden Probleme geben.
Eine erschöpfende Behandlung aller denkbaren Auswirkungen – insbesondere der wirtschaftlichen und kostenmäßigen Fragen – ist zurzeit noch nicht möglich, da über das Fluggerät und seine Parameter bisher zu wenig Material vorliegt.
In dem vorliegendem Bericht sind daher vor allem die Probleme angesprochen, für deren Bearbeitung schon genügend Datenmaterial und Kenntnisse vorliegen Manche wichtigen Probleme konnten daher nur angedeutet werden. Sie weiter zu verfolgen ist daher unbedingt erforderlich.
Es ist mir eine angenehme Pflicht, an dieser Stelle dem Landesamt für Forschung des Landes Nordrhein-Westfalen zu danken, das durch die Bereitstellung von Mitteln diesen Beitrag ermöglichte.

Berlin, im März 1965 Professor Dr.-Ing. E. RÖSSGER

Inhalt

Verzeichnis der Abbildungen

Verzeichnis der Tabellen

1. Organisationen, die sich mit Fragen der Einführung des Überschallverkehrs befassen

Das Zeitalter des bemannten Überschallflugzeuges begann am 14. Oktober 1947, als Captain Charles E. Yeager von der U. S. A. F. mit dem raketengetriebenen Forschungsflugzeug Bell X 1 zum erstenmal Mach 1,1 erreichte und damit als erster Mensch schneller als der Schall flog [1, S. 64]. Es folgten Jahre intensiver Forschungsarbeit. Als erstes Überschallflugzeug mit luftatmenden Triebwerken nahm die F-100 Super Sabre im Mai 1953 die Flugerprobung auf. Im Jahre 1955 verfügte die U.S.A.F. schon über mehrere Staffeln der F-100, die im normalen Einsatz Überschallgeschwindigkeit erreichten. Der F 104 Starfighter stellte am 16. Mai 1958 einen neuen Weltgeschwindigkeitsrekord mit 2259,54 km/h auf und erreichte damit mehr als die zweifache Schallgeschwindigkeit. Inzwischen war schon der Mach2-Bomber, die B 58, im Einsatz. Ein Mach3-Bomber, die B 70, wurde projektiert und nimmt jetzt die Flugerprobung auf.

Schon frühzeitig begannen sich die Flugzeughersteller mit den Entwürfen eines Überschallverkehrsflugzeuges zu beschäftigen. Im November 1962 wurde zwischen Frankreich und Großbritannien ein Vertrag geschlossen, der die Entwicklung eines Überschallverkehrsflugzeuges zum Ziele hatte. Dadurch wurden auch in den USA die Bemühungen um ein Überschallverkehrsflugzeug beschleunigt. Nach den Planungen sollen im Jahre 1970 das europäische und das amerikanische Überschallflugzeug im Einsatz sein.

Trotz der schon zehnjährigen Erfahrungen mit militärischen Überschallflugzeugen ist die Zahl der mit über zweifacher Schallgeschwindigkeit geflogenen Stunden doch relativ gering. So ist es nicht erstaunlich, daß sich eine Vielzahl von Organisationen mit den Problemen der Einführung des Überschallflugzeuges in den gewerblichen Luftverkehr befaßt.

Wichtige Organisationen, die sich mit Fragen der Einführung des Überschallverkehrs befassen:

1. Deutsche Gesellschaft für Ortung und Navigation
2. Federal Aviation Agency (FAA), USA
3. Flygtekniska Försöksanstalten (FFA), Schweden
4. Institute of Navigation, USA
   Symposium and Critique on the Supersonic Transport, Forth Worth, Texas, Juni 1961
   Supersonic Transport Seminar, Michigan, Januar 1963
5. International Air Transport Association (IATA)
   14th Technical Conference, Montreal, April 1961
6. International Civil Aviation Organisation (ICAO)

7. International Federation of Air Line Pilots Associations (IFALPA)
   Symposium on Supersonic Transport, London, November 1963
8. Ausschuß »Betriebsbedingungen des Überschallverkehrs« im Luftfahrtbeirat
   Vorsitzender: Dr.-Ing. W. Treibel, Geschäftsführer der ADV
9. National Aeronautics and Space Administration (NASA), USA
10. Stanford Research Institute (SRI), USA
11. Supersonic Transport Advisory Committee (STAC), Großbritannien
12. The Royal College of Advanced Technology, Salford, Großbritannien
    Symposium on Supersonic Engineering, Mai 1961

2. Stand der Entwicklung von Überschallflugzeugen für den gewerblichen Luftverkehr

2.1 Allgemeine Entwurfsgrundlagen

Die heute im Einsatz befindlichen großen Verkehrsflugzeuge erreichen Geschwindigkeiten zwischen Mach 0,8 und 0,9. Bei den Entwürfen für ein Überschallverkehrsflugzeug entstand zuerst die Frage, wie schnell sollen diese Flugzeuge werden. Während der europäische Entwurf eine Geschwindigkeit entsprechend M = 2,2 vorsieht, sollen die US-amerikanischen Vorhaben Geschwindigkeiten entsprechend M = 3 erreichen.

Sieht man von konstruktiven Problemen – Werkstoffe, Kraftstoffe, Kühlung der Kabinenluft usw. sowie von betrieblichen Fragen einmal ganz ab und betrachtet lediglich den »Theoretischen Gütegrad«, so erkennt man, daß die Machzahl noch wesentlich höher gewählt werden müßte. In Abb. 1 sind das nach dem heutigen Stand der Technik erreichbare Verhältnis Auftrieb/Widerstand (Kurve A) aufgetragen sowie der Maximalwirkungsgrad des für die jeweilige Machzahl optimalen Triebwerks (Kurve B). Durch Multiplizieren korrespondierender Werte erhält man eine Größe, die dem bekannten Reichweitenfaktor[1] proportional ist, also bei gegebenem Verhältnis Abfluggewicht/Landegewicht der Reichweite (Kurve C). Das Maximum für diesen Reichweitenfaktor ergibt sich in der Nähe von Mach = 7, einem Geschwindigkeitsbereich, dem bisher nur hypothetisches Interesse zukommt [2, S. 1373]. Immerhin läßt der Verlauf der Kurve C erkennen, daß die Entwurfsmachzahl so hoch wie möglich zu wählen ist, sofern nicht andere Bedingungen eine Grenze setzen.

Untersucht man zunächst die mit einer Erhöhung der Fluggeschwindigkeit zusammenhängenden technologischen Probleme, so ist eine der schwierigsten Fragen die mit steigender Machzahl wachsende aerodynamische Aufheizung der Zelle, wie sie in Abb. 2 dargestellt ist.

Die Oberflächentemperatur der jetzigen »Jets« liegt während des Reisefluges bei ungefähr 0° C. Mit höherer Geschwindigkeit steigen aber die Oberflächentemperaturen sehr schnell an, bei M = 2 werden 90° erreicht, bei M = 3,0 schon 250° C. Die Abb. 2 zeigt auch die Temperaturfestigkeit verschiedener Werkstoffe, wobei als erstes ins Auge fällt, daß die bisher gebräuchlichen Leichtmetalllegierungen nur bis zu Temperaturen von 130° C verwendet werden können. Das bedeutet, daß ein Überschallflugzeug aus herkömmlichen Werkstoffen in seiner Geschwindigkeit auf M 2,2 begrenzt ist. Die Hersteller der Concorde sind über-

[1] $R = \frac{L}{D} \cdot \frac{V}{SFC} \cdot \log Wi/Wf$

R = Reichweite, L/D = Auftrieb/Widerstand, V = Reisegeschwindigkeit, SFC = spezifischer Kraftstoffverbrauch, Wi/Wf = Abfluggewicht/Landegewicht

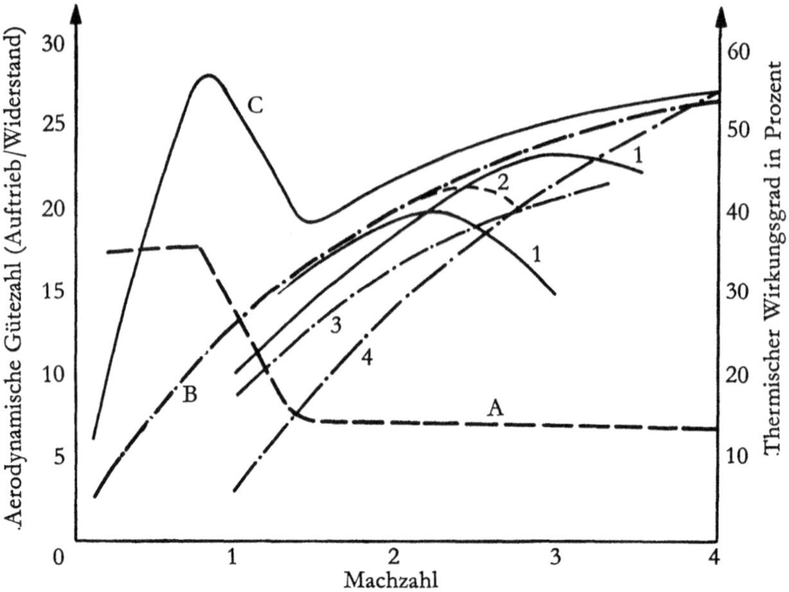

Abb. 1 Diagramm zur Ermittlung wirtschaftlicher Fluggeschwindigkeiten
A = Verhältnis Auftrieb zu Widerstand
B = thermischer Wirkungsgrad des optimalen Triebwerks
1 = Einstromtriebwerke
2 = Zweistromtriebwerke
3 = Einstromtriebwerk mit Nachverbrennung
4 = Staustrahltriebwerk
C = Gütegrad
(nach [2, S. 1373])

zeugt, daß die neu entwickelten Leichtmetallegierungen den voraussichtlichen Beanspruchungen standhalten. In die engere Wahl wurde eine vom Flugtriebwerksbau bekannte Legierung Cu—Mg—Ni—Fe, mehr bekannt unter dem Namen AU2GN, gezogen. Inzwischen wurden mehr als 10000 Proben in Frankreich und England untersucht, die alle zeigten, daß die Festigkeitseigenschaften bei 120° C nicht und bei 150° C nur unwesentlich nachlassen [3, S. 167f.]. Allerdings sind diese Versuche noch nicht ganz befriedigend, da die tatsächlichen Beanspruchungen während des Überschallfluges wesentlich komplexer sind, besonders hinsichtlich der Kriechfestigkeit und Ermüdungsfestigkeit. Während der Beschleunigung auf Überschallgeschwindigkeit steigt die Temperatur an der Außenhaut wesentlich schneller an als an den unter der Beplankung liegenden Bauteilen. Dadurch entstehen komplizierte Spannungen in den Verbindungselementen, die nur durch den Versuch erfaßt werden können. Solche Versuche müßten bei einer Lebensdauer des Flugzeuges von 30000 Std. selbst 30000–40000 Zyklen umfassen.
Eine weitere Schwierigkeit besteht darin, daß die aus Abb. 2 zu entnehmenden Temperaturen für die Bedingungen der Standardstratosphäre gelten. Jede Erhöhung der Standardtemperatur bedeutet auch eine Erhöhung der Gleich-

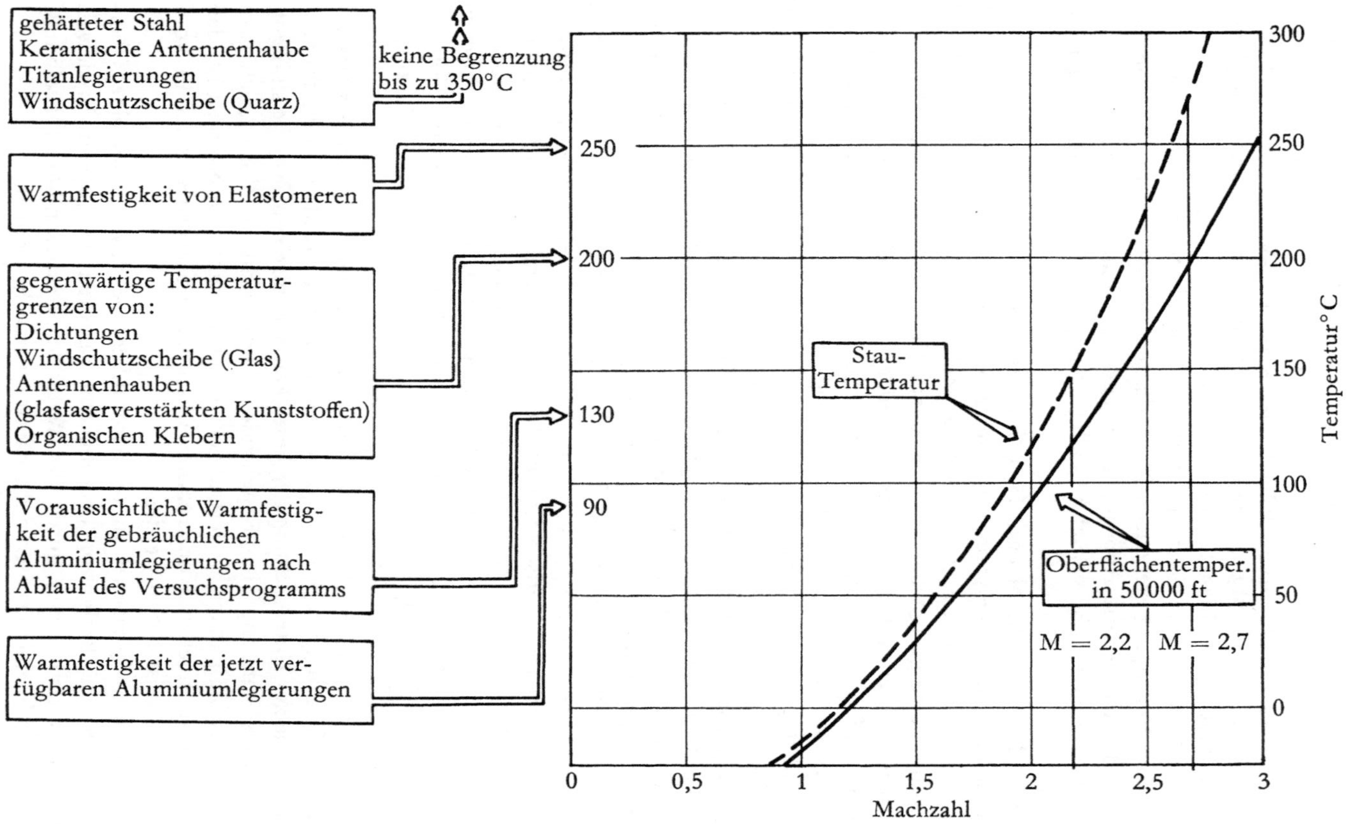

Abb. 2 Änderung der Oberflächentemperatur mit der Machzahl und Warmfestigkeit einiger Werkstoffe (nach [4, S. 12])

gewichtstemperatur an der Außenhaut. Allerdings sind diese Abweichungen wahrscheinlich nicht sehr hoch. Nach einer sehr ausführlichen Studie der FAA über die meteorologischen Bedingungen auf der Linie New York–San Francisco, die Mittelwerte von 5 Jahren angibt, kommt eine Standardabweichung von $+ 10°$ in 100 mb (etwa 50000 ft) nur in 0,1% der Fälle vor [5, S. 162f.].
Für die Nordatlantikroute liegt eine derart umfassende Studie bisher nicht vor. Aus den zur Verfügung stehenden Wetterkarten [6] kann jedoch entnommen werden, daß auch hier die Abweichungen von den Standardtemperaturen nach oben in der Reiseflughöhe verhältnismäßig gering sind. Ungünstiger liegen die Verhältnisse für die Polarroute.
Bei Verwendung von Stahl und Titan für den Bau eines Überschallverkehrsflugzeuges kann die Geschwindigkeit wesentlich erhöht werden, selbst $M = 3$ ist hier hoch nicht die Grenze. Für Reisegeschwindigkeiten höher als $M = 3$ stehen bisher keine geeigneten Triebwerke zur Verfügung; weiter müßten neue hitzebeständige Treibstoffe entwickelt werden, ebenso muß eine Geschwindigkeit entsprechend $M = 3$ als Grenze der Warmfestigkeit für die zum Aufbau der Zelle notwendigen nichtmetallischen Werkstoffe angesehen werden.
So entstanden aus der Werkstoffgrenze einerseits und der Triebwerksgrenze andererseits die jetzt in Arbeit befindlichen Entwürfe für ein Überschallverkehrsflugzeug in Europa und den USA: Die anglo-französische Gemeinschaftsproduktion Concorde in konventioneller Bauweise mit einer Reisegeschwindigkeit entsprechend $M = 2{,}2$ und die US-amerikanischen Entwürfe in Stahl und Titan mit einer Reisegeschwindigkeit entsprechend $M = 3$.
Auch über eine Verwendung von Stahl und Titan im Zellenbau lagen bis in jüngster Zeit keine Erfahrungen vor. Das Problem der Festigkeit des Werkstoffes dürfte aber hier nicht so kritisch sein wie bei der Verwendung von Leichtmetalllegierungen. Die Probleme liegen hier mehr in den mangelnden Erfahrungen, Stahl und Titan im Zellenbau zu verarbeiten. Die beiden neuen US-amerikanischen Flugzeuge B-70 und A-11 dürften aber hier die Situation verbessern. Von der Flugerprobung beider Flugzeuge erhofft man sich viele wertvolle Erfahrungen für den Bau eines Überschallverkehrsflugzeuges.
Von der Werkstoffseite her gesehen verdient weder das Mach 2,2- noch das Mach 3-Flugzeug den Vorzug. Bei beiden Konstruktionen ist Neuland betreten, umfangreiche Versuche zur Untersuchung der Festigkeit der einzelnen Bauteile sind notwendig. Ein aus Stahl und Titan bestehendes Flugzeug hat den Vorteil, daß es zu höheren Geschwindigkeiten weiterentwickelt werden kann, ein Nachteil ist, daß die Kosten einer solchen Konstruktion wesentlich über denen einer in konventioneller Bauweise liegen werden.
Neben den Werkstoffgrenzen ist für die Auswahl der Geschwindigkeit eines Überschallflugzeuges eine Reihe von betrieblichen Faktoren maßgebend. Inwieweit die direkten Betriebskosten durch die Wahl der Geschwindigkeit beeinflußt werden, soll erst in einem späteren Abschnitt untersucht werden.
Zunächst erhebt sich die Frage, ob der Zeitgewinn für den Reisenden überhaupt groß genug ist, daß sich der Einsatz der großen Mittel lohnt, die für den Entwurf eines Überschallverkehrsflugzeuges notwendig sind.

Die Abb. 3 zeigt die Gesamtreisezeit als Funktion der Machzahl für den Flug London–New York. Als Vereinfachung der Darstellung wurden für alle hier untersuchten Flugzeugtypen (Comet 4, DC 8, Mach 2,2 und Mach 3) gleiche Zeit für den Steig- und Sinkflug und für das Rollen, den Start, Warteverfahren, Landung und erneutes Rollen angenommen. Aus der Abbildung ist zu entnehmen, daß einer Bodenzeit von 2 h, 45 min bei der DC 8 eine Flugzeit von 7 h, 15 min gegenübersteht, für ein Mach 2,2-Flugzeug beträgt dieses Verhältnis noch 2 h, 45 min zu 3 h, 9 min, für ein Mach 3-Flugzeug nur noch 2 h, 45 min zu 2 h, 31 min. Eine Steigerung der Fluggeschwindigkeit von $M = 0,8$ (DC 8) auf $M = 2,2$ ergibt für die Gesamtreisezeit noch einen Gewinn von 41%. Die Erhöhung der Fluggeschwindigkeit von $M = 2,2$ auf $M = 3$ bedeutet aber nur noch einen Zeitgewinn von 10%. Schon für ein Mach3-Flugzeug ist die Flugzeit für die Strecke London–New York kürzer als die Zubringer- und Abfertigungszeiten. Eine Steigerung der Fluggeschwindigkeit über $M = 3$ hinaus erscheint also von dieser Seite aus gesehen nicht sinnvoll. Einer solchen Erhöhung müßten wesentliche Verbesserungen des Zubringer- und Abfertigungssystems der Flughäfen vorausgehen.

Einer der Haupteinwände gegen eine Einführung des Überschallverkehrs ist der Überschallknall. Auf die Probleme wird im einzelnen noch später eingegangen werden[2]. Hier interessiert zunächst nur, inwieweit die Fluggeschwindigkeit einen Einfluß auf die Intensität des Überschallknalls hat. Entscheidend für eine Verminderung des Überschallknalls ist eine möglichst große Flughöhe. Der Einfluß der Machzahl ist bei Fluggeschwindigkeiten, die höher als $M = 1,4$ sind, nur sehr gering [7, S. 47]. Da eine hohe Flugmachzahl auch eine größere Flughöhe bedingt, ist der Einfluß der Flugmachzahl auf eine Verminderung der Intensität des Überschallknalls eher positiv als negativ zu beurteilen.

Faßt man abschließend noch einmal zusammen, so führen die Befürworter eines Mach2,2-Flugzeuges ins Feld [2, S. 1373]:

1. Da sich erprobte Werkstoffe und Bauweisen verwenden lassen, seien die Entwicklungskosten eines Mach2,2-Flugzeuges erheblich niedriger.
2. Hinsichtlich des Flugverhaltens mit doppelter Schallgeschwindigkeit liegen bereits mit verschiedenen militärischen Mustern Erfahrungen vor.
3. Da die Oberflächentemperaturen unter der Zündtemperatur der Kraftstoffe bleiben, sei die Entwicklung von neuen Kraftstoffen bzw. von hochwirksamen Isolierungen der Kraftstoffbehälter überflüssig.
4. Mach2,2-Flugzeuge könnten nicht nur auf Lang-, sondern auch auf Mittelstrecken wirtschaftlich eingesetzt werden, womit sich ihnen größere Verkaufsaussichten eröffnen.
5. Der geringe Zeitgewinn mit Mach3-Flugzeugen (gegenüber Mach 2,2) rechtfertige nicht die höheren Entwicklungskosten und das größere Entwicklungsrisiko.

[2] Vgl. Abschnitt 8.2.

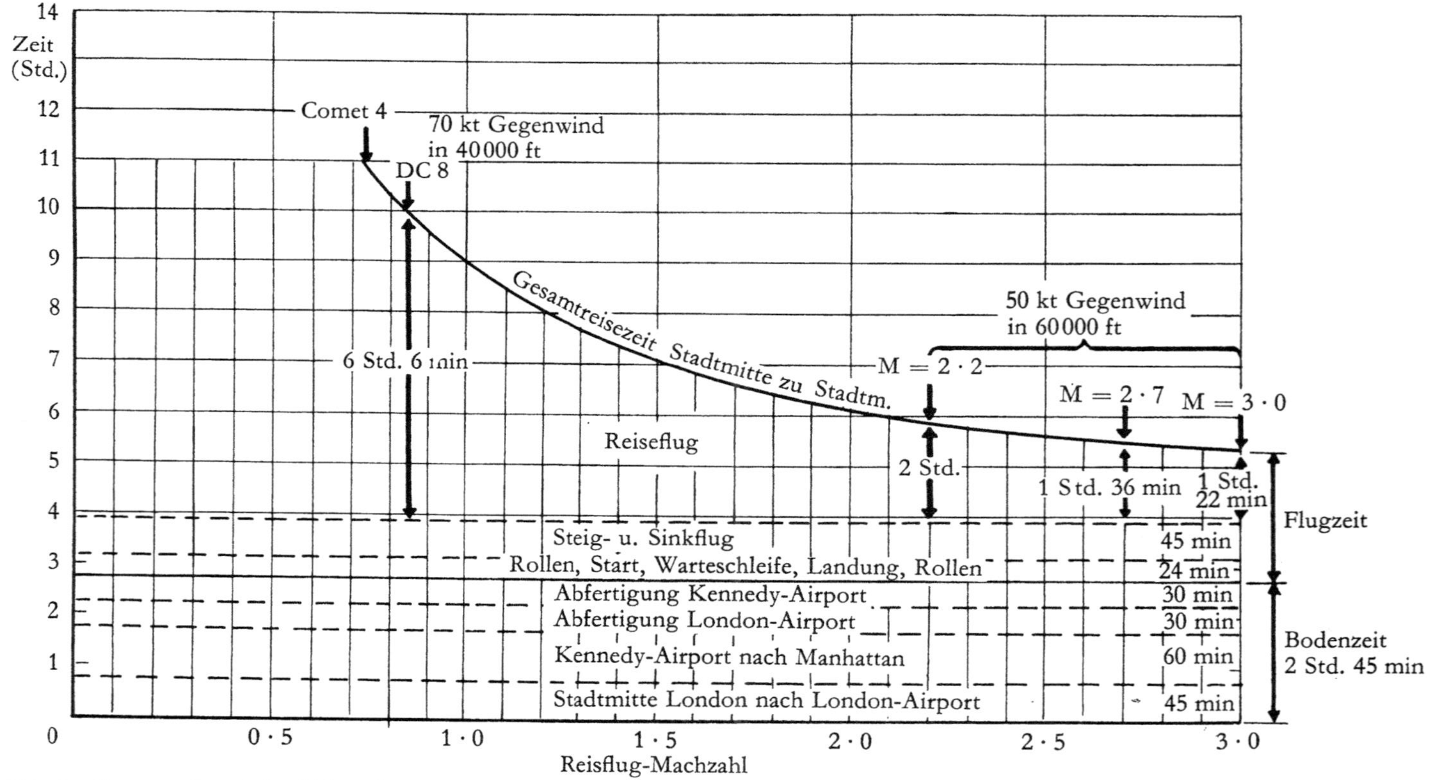

Abb. 3 Gesamtreisezeit in Abhängigkeit von der Reiseflug-Machzahl (nach [4, S. 10])

6. Die geringere Transportleistung (gegenüber Mach 3-Flugzeugen) habe bei gegebenem Verkehrsaufkommen einen um etwa 25% größeren Bedarf an Flugzeugen zur Folge. Durch die höhere Stückzahl vermindere sich der Verkaufspreis.
7. Ein Mach 2,2-Flugzeug könnte früher einsatzreif sein als ein Mach 3-Flugzeug.

Demgegenüber führen die Parteigänger des Mach 3-Flugzeuges nicht minder schwerwiegende Argumente ins Treffen [2, S. 1374]:

1. Der Mehraufwand für die Stahlbauweise werde übertrieben hoch angenommen; tatsächlich liegen mit Leichtmetallen unter den Bedingungen des Mach 2,2-Fluges, namentlich hinsichtlich der Ermüdungsfestigkeit, weniger Erfahrungen vor als mit Schwermetallen bei Mach 3.
2. Die Stahlbauweise biete begründete Aussichten für eine weitere Geschwindigkeitssteigerung.
3. Dank des größeren Reichweitenfaktors (Vgl. Abb. 1) seien – gleiches Abfluggewicht und gleiche Nutzlast vorausgesetzt – Ohne-Halt-Dienste über längere Strecken möglich als mit Mach 2,2-Flugzeugen.
4. Die größere Transportleistung führe zu geringeren Betriebskosten pro Sitzkilometer.
5. Ein Mach 2,2-Flugzeug laufe Gefahr, durch die Entwicklung eines Mach 3-Flugzeuges »über Nacht« zu veralten, mithin sei das Entwicklungsrisiko für das letztere erheblich kleiner, auch wenn es erst nach dem Mach 2,2-Flugzeug in Dienst gestellt werden könnte.

Welches Flugzeug den Vorzug verdient, wird davon abhängen, inwieweit es die Forderungen erfüllt, über die alle künftigen Nutzer eines Überschallverkehrsflugzeuges einig sind [2, S. 1373]:

> Ein Überschallverkehrsflugzeug darf hinsichtlich seiner Betriebssicherheit (strukturelle Festigkeit, Flugeigenschaften, Zuverlässigkeit von Triebwerken, Steuerung, Fahrwerk sowie der hydraulischen, elektrischen und elektronischen Ausrüstung) hinter den heute geltenden Normen nicht zurückstehen.
> Es muß sich unter Zugrundelegung jener Tarife gewinnbringend einsetzen lassen, die für den Zeitraum seiner voraussichtlichen Indienststellung zu erwarten sind.
> Es hat mit rd. 3000 m langen Startbahnen auszukommen und muß sich harmonisch in den übrigen Luftverkehr einfügen.
> Die garantierte Lebensdauer der Zelle sollte 30000 Stunden nicht unterschreiten.
> Ungeachtet der kurzen Flugdauer ist den Passagieren der gleiche Komfort zu bieten, den sie von den langsameren Flugzeugen gewöhnt sind.

2.2 Konstruktionsgrundlagen der Zelle

2.2.1 Der britisch-französische Entwurf Concorde

Die europäische Luftfahrtindustrie war sich seit langem darüber im klaren, daß sie im Verkehrsflugzeugbau ihre letzte Position verlieren müsse, wenn sie an den zukünftigen Entwicklungen nicht teilnehmen würde. Eine vielversprechende Möglichkeit schien die Entwicklung eines Überschallflugzeuges zu sein.
Vor etwa sieben Jahren begannen in Frankreich und Großbritannien, zunächst unabhängig voneinander, die Entwurfsarbeiten für ein Überschallverkehrsflugzeug. Wie im vorigen Abschnitt bereits erläutert, sehen die europäischen Entwürfe vor, ein Flugzeug zu konstruieren, das eine Reisegeschwindigkeit entsprechend $M = 2{,}2$ erreichen soll. Dabei wurde in Frankreich ursprünglich ein Mittelstreckenflugzeug mit einer Reichweite von 4500 km geplant, in Großbritannien ein Flugzeug mit einer Reichweite von 6000 km, das die Transatlantiklinie bewältigen sollte. Beide Entwürfe wurden mit großen staatlichen Unterstützungen vorangetrieben.
Die aus den Studien hervorgegangenen Flugzeugentwürfe waren einander sehr ähnlich. Im November 1962 wurde darauf zwischen Frankreich und Großbritannien ein Vertrag geschlossen, die Entwicklung eines Überschallflugzeuges künftig gemeinsam voranzutreiben. Das zu entwickelnde Flugzeug erhielt als Hinweis auf die beschlossene Gemeinschaftsarbeit den Namen »Concorde«.
Die mit der Entwicklung und dem Bau der Concorde beauftragten Unternehmen sind auf französischer Seite die Sud-Aviation, auf britischer die British Aircraft Corporation. Für die Entwicklung des Triebwerks zeichnen die französische SNECMA und die britische Bristol Siddeley Engines Ltd. verantwortlich. Seit Veröffentlichung der ersten Bau- und Betriebsdaten der Concorde [8, S. 293f.] haben sich einige bedeutende Änderungen ergeben, die wohl in erster Linie auf Grund der Forderungen der interessierten Luftverkehrsgesellschaften hinsichtlich Nutzlast, Reichweite und Kraftstoffreserve des Flugzeuges notwendig wurden. Während ursprünglich für die Concorde eine Reichweite von 6000 km vorgesehen war, soll die Reichweite jetzt auf 6400 km erhöht werden [9]. Mit dieser Erhöhung der Reichweite könnte die Concorde auch für andere europäische Luftverkehrsgesellschaften als Air France und BOAC interessant werden.
Die Abb. 4 zeigt eine Übersichtszeichnung der vergrößerten Concorde, in Tab. 1 sind einige Bau- und Betriebsdaten zusammengestellt.
Der allgemeinen aerodynamischen Auslegung lagen folgende Überlegungen zugrunde [3, S. 164f.], [10, S. 84f.]:

Günstige aerodynamische Eigenschaften sowohl im Überschall- als auch im Unterschallflug,
größtmögliche Einfachheit der Konstruktion, einen genügend großvolumigen Flügel zur Aufnahme des Kraftstoffes.

Von den Herstellern der Concorde wurde sowohl eine Kombination aus Deltaflügel und vorn liegendem Hilfsflügel (Entenbauweise) verworfen als auch ein

Tab. 1 Bau- und Betriebsdaten des ursprünglichen und des überarbeiteten Entwurfs des Überschallverkehrsflugzeuges Concorde
(nach [3, S. 163])

Entwurfsphase: 1	überarbeiteter Entwurf 2	ursprünglicher Entwurf 3
Abmessungen		
Länge m	56,1	51,8
Spannweite m	25,66	23,4
Höhe m	11,2	10,0
Flügelfläche m²	358	310
Radstand m	17,41	–
Spurweite m	7,62	–
Gewichte		
Leergewicht kp	74 800	68 500
Größtes Abfluggewicht kp	148 000	130 000
Größtes Landegewicht kp	90 700	79 300
Größte Nutzlast kp	11 800	9 070
Reichweite km	6 400	6 000
Fluggastsitze	118	100

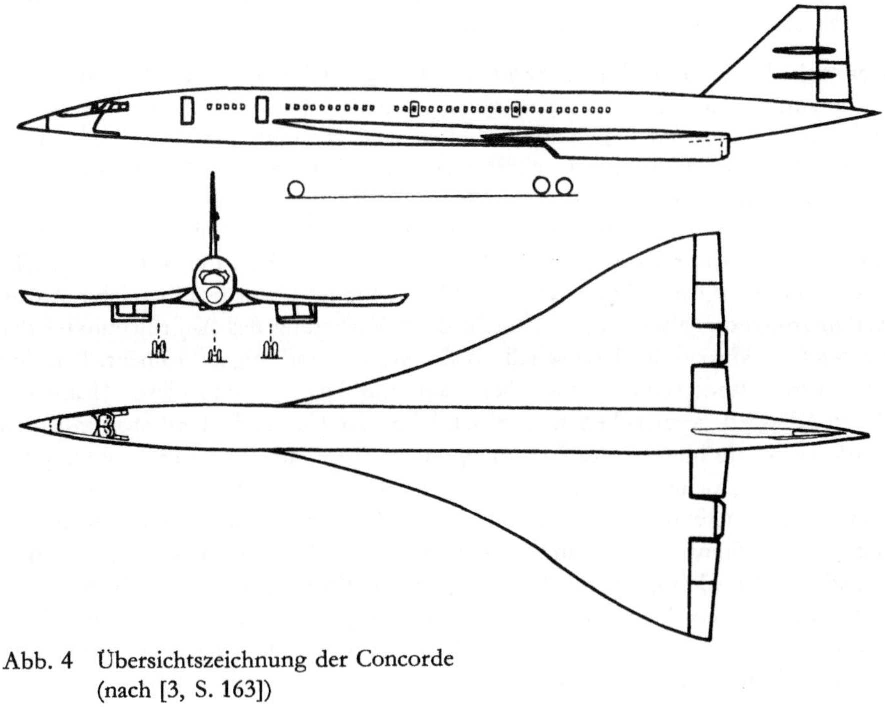

Abb. 4 Übersichtszeichnung der Concorde
(nach [3, S. 163])

Flügel mit variabler Pfeilung. Die »Entenbauweise« wirft schwierige Probleme im Langsamflug auf, die vor allem Steuerbarkeit und Stabilität betreffen. Der vorn liegende Flügel erzeugt bei hohen Anstellwinkeln Wirbel, die Störungen an den hinteren Flugzeugteilen hervorrufen. Das führt bei einem einteiligen Seitenleitwerk zu einem erheblichen Nachlassen der Richtungsstabilität. Eine Lösung dieser Schwierigkeiten könnte mit Hilfe eines symmetrisch angeordneten Doppelseitenleitwerks erreicht werden. Das würde aber eine Überdimensionierung des Seitenleitwerks für den Reiseflug bedeuten und stark erhöhtes Baugewicht. Sud Aviation hielt auch die notwendigen Windkanalversuche für zu aufwendig. Der Flügel mit variabler Pfeilung, der in vieler Hinsicht eine ideale Lösung darstellt, wurde wegen des hohen Gewichts und Konstruktionsaufwandes abgelehnt. Der Entwurf der Concorde sieht jetzt einen abgewandelten Deltaflügel vor, der wegen der ausbauchenden Umrißlinie die Kennzeichnung »gotische Form« erhielt.
Die Untersuchungen ergaben für den schlanken Deltaflügel reziproke Gleitzahlen von 7,5 bis 8 im Überschallflug und 13 bis 14 im Unterschallflug. Im letztgenannten Fall entsprechen die Werte etwa denen der heutigen vierstrahligen Unterschallverkehrsflugzeuge. Das hat zahlreiche Vorteile:

Der auf den Flugkilometer bezogene Kraftstoffverbrauch hat im Unterschallflug die gleiche Größenordnung wie der heutiger Flugzeuge. Gemessen an den heutigen Strahlverkehrsflugzeugen sind daher für Warteverfahren keine größeren Kraftstoffreserven notwendig.
Wenn strenge Verkehrsbestimmungen oder Lärmgrenzen es erfordern, kann zu Beginn oder Ende eines Langstreckenfluges längere Zeit mit Unterschallgeschwindigkeit geflogen werden.

Der schlanke Deltaflügel hat aber auch einige Nachteile, die bei der Concorde nur durch einen hohen Aufwand ausgeglichen werden können. Während des Landeanfluges sind, um noch genügend Auftrieb zu erzeugen, große Anstellwinkel erforderlich. Die Sicht vom Cockpit wird dadurch ungünstig. Bei der Concorde kann daher während des Landeanfluges ein Teil der Flugzeugnase nach unten geklappt werden. Eine andere Eigenschaft des schlanken Deltaflügels ist eine Verlagerung des Angriffspunktes der Luftkräfte beim Übergang auf Überschallgeschwindigkeit nach hinten. Wenn das Flugzeug im Unterschallbereich normale Stabilitätseigenschaften hat, verursacht diese Verlegung des Angriffspunktes der Luftkräfte während des Überschallreisefluges ein kopflastiges Moment. Um den zusätzlichen Widerstand zu umgehen, den eine Austrimmung dieses Momentes durch Klappen verursachen würde, wird bei der Concorde Kraftstoff von den vorderen in die hinteren Tanks umgepumpt. Während der Beschleunigung auf Überschallgeschwindigkeit und in dem Maße, in dem der Druckpunkt nach hinten wandert, wird Kraftstoff von den vorderen Tanks in die hinteren umgepumpt, bis Schwerpunkt und Druckpunkt die für den Überschallreiseflug günstigste Zuordnung haben. Der umgekehrte Vorgang spielt sich beim Übergang von Überschall- auf Unterschallgeschwindigkeit ab. Im Notfall – Ausfall der Umpumpanlage – kann der hintere Trimmtank durch einen Schnellablaß in kürzester Zeit entleert werden.

Die Flügelhinterkante trägt sechs als Höhen- und Querruder dienende Klappen. Das Flügelinnere ist zur Aufnahme von Kraftstoff bestimmt. Die vier Triebwerke sind in zwei Gondeln unter dem Flügel angebracht.
Der Rumpf hat mit Ausnahme der Bug- und Heckspitze gleichbleibenden ovalen Querschnitt. Der Kabinenraum erhält Fenster normaler Größe; wegen des gedrängten Rumpfquerschnittes sind nur vier Sitze nebeneinander, getrennt durch einen Mittelgang, vorgesehen.
Das Flugzeug erhält ein für seine Größe übliches Fahrwerk mit Bugrad und Haupträdern in Doppeltandemanordnung.
Alles in allem ist die Concorde in durchaus herkömmlicher Bauweise entworfen. Das Flugwerk besteht mit wenigen Ausnahmen aus Leichtmetallegierungen, auch die Struktur entspricht den heutigen Flugzeugen. Als Zeitplan gilt bisher immer noch das Jahr 1967 für den Erstflug und das Jahr 1971 für die Indienststellung.

2.2.2 Die US-amerikanischen Entwürfe

Zu einer staatlichen Förderung der Forschungs- und Entwicklungsarbeiten an einem amerikanischen Überschallverkehrsflugzeug hatte sich im Prinzip schon die Regierung Eisenhower gegen Ende ihrer Amtszeit (Dezember 1960) bereitgefunden. Indessen gab erst der von Kennedy eingesetzte FAA-Abministrator Halaby die verbindliche Zusicherung (März 1961), daß die Entwicklung eines Überschalltransporters zu den langfristigen Vorhaben der Federal Aviation Agency gehöre. Nach umfangreichen Vorarbeiten, die durch die britisch-französische Gemeinschaftsproduktion Concorde erheblich beschleunigt worden waren, beauftragte die FAA Mitte August 1963 drei Flugzeughersteller – Boeing Lockheed und North American – und drei Triebwerkshersteller – Pratt and Whitney, General Electric und Curtiss Whright – bis 15. Januar 1964 Entwurfsstudien für ein Überschallverkehrsflugzeug einzureichen. Ursprünglich sollte die FAA dann am 1. Mai 1964 eine Entscheidung über das Ergebnis des Entwurfswettbewerbs bekanntgeben. Nach den zur Verfügung stehenden Unterlagen [11] gab Präsident Johnson am 20. Mai seine Zustimmung zur Ausgabe von vier Aufträgen für die Fortführung der Entwicklung des amerikanischen Überschallverkehrsflugzeuges. Die Firmen Boeing und Lockheed werden demnach die Auswirkungen der unterschiedlichen Reisegeschwindigkeiten, Abmessungen und Reichweiten auf den Beschaffungspreis, die direkten Betriebskosten und den Überschallknall untersuchen. General Electric und Pratt & Whitney sollen Aufträge zur Entwicklung von Bauteilen und zur Untersuchung der Leistungen von Triebwerken erhalten.
Wie sehen nun die amerikanischen SST-Lösungen im einzelnen aus? [12], [13], [14], [15], [16], [17], [18].
Alle diese Entwürfe liegen in der gleichen Gewichtsklasse und sind damit rd. 30 bis 45% schwerer als die schwersten interkontinentalen Unterschallverkehrsflugzeuge. Ihre Nutzlastkapazität liegt dagegen ein wenig unter den heutigen Langstreckenflugzeugen mit vergleichbarem Nutzlast/Reichweite-Verhältnis. Alle

Entwürfe sehen die weitgehende Verwendung von Stahl und Titan für den Zellenaufbau vor, die Reiseflughöhe liegt auch einheitlich bei 21 000 m.
North American fußt mit dem Entwurf der NAC-60 auf den Erfahrungen, die das Werk mit der Entwicklung des Mach 3-Bombers B-70 machen konnte, sie ist aber nur auf eine Geschwindigkeit entsprechend M = 2,65 ausgelegt. Die Abb. 5 zeigt eine Übersichtsskizze des Entwurfs. Der verwendete Doppeldeltaflügel weist innen eine Pfeilung von 65°, außen eine Pfeilung von 50° auf. Die verminderte Pfeilung des Außenflügels verbessert die Langsamflugeigenschaften. Der Flügel ist an den Vorder- und Hinterkanten mit Klappen zur Auftriebserhöhung versehen. Um den für Dreiecksflügel charakteristischen hohen Anstellwinkel bei Start und Landung zu verkleinern und damit die Sicht des Piloten zu verbessern, besitzt die NAC-60 am Rumpfvorderteil einen feststehenden Hilfsflügel (Entenbauweise), der gleichzeitig als Höhenleitwerk dient. North American glaubt nach den Erfahrungen mit dem Bau der B-70 alle Stabilitätsprobleme der Entenbauweise zu beherrschen. Im Gegensatz zur B-70 besitzt die NAC-60 nur ein Seitenleitwerk. Für den Überschallreiseflug wird ein Auftriebs-Widerstandsverhältnis von 7–8 angegeben, für den Unterschallflug von 12. Die vier Triebwerke sind in zwei Gondeln unter dem Deltaflügel nahe der Flugzeuglängsachse angebracht, um das Giermoment beim Ausfall eines Triebwerkes klein zu halten. Der gesamte Kraftstoff ist im Flügel untergebracht. Die Kabine sieht eine Sechserbestuhlung vor, die durch einen Mittelgang getrennt ist. Der Frachtraum hinter dem Passagierabteil nimmt das gesamte Gepäck und die Fracht auf. Die NAC-60 soll ein normales Fahrwerk in »Doppeltandemanordnung« erhalten.

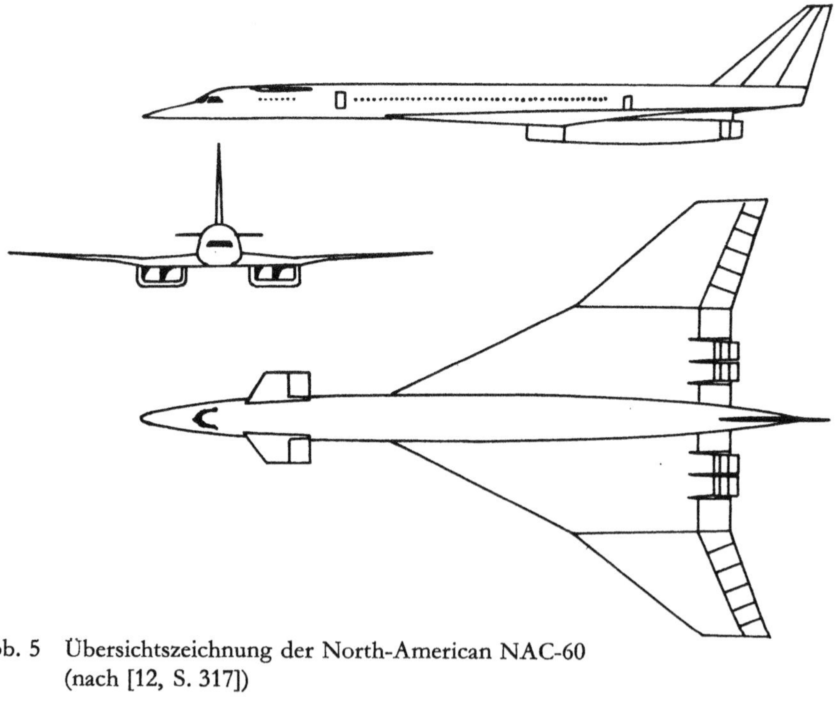

Abb. 5 Übersichtszeichnung der North-American NAC-60 (nach [12, S. 317])

Folgende Daten für das Flugzeug können angegeben werden:

Tab. 2 Technische Daten der North American NAC-60
(nach [13, S. 831])

1	2
Länge	59,5 m
Spannweite	37,0 m
Höhe	14,7 m
Flügelfläche	596 m²
Gesamtgewicht	214 500 kg
Zahl der Passagiersitze	170–187
Nutzlast	15 820 kg
Reichweite	6 440 km
Entwurfsreisemachzahl	2,65
Startstrecke bei max. Abfluggewicht	2 360 m
Landestrecke	1 890 m
Abhebegeschwindigkeit	250 km/h

Der Entwurf von Lockheed, CL-823, ähnelt in vielem der Concorde. Die Abb. 6 zeigt eine Übersichtszeichnung. Die Fluggeschwindigkeit entspricht Mach = 3,0, die Zelle besteht daher in allen wesentlichen Bauteilen aus Stahl und Titan. Der

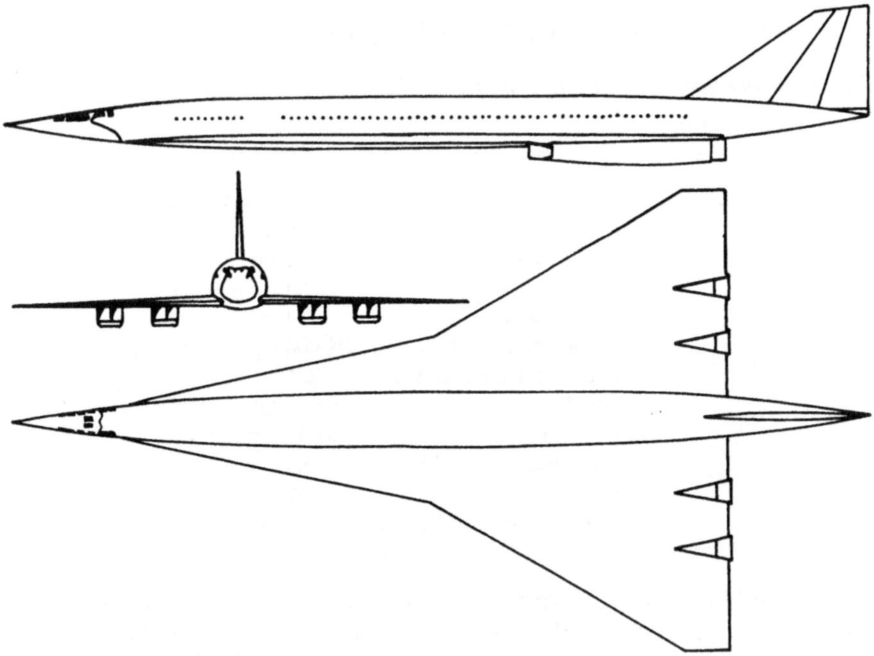

Abb. 6 Übersichtszeichnung der Lockheed CL-823
(nach [12, S. 316])

Flügel zeigt wieder ein Doppeldelta, wobei der innere Flügel eine Pfeilung von 80° hat, der äußere eine von 60°. Die Flügelfläche ist mit 743 m² bei weitem die größte von allen Überschallprojekten. Über 80% der Flügelfläche entfallen dabei auf den weniger gepfeilten hinteren Teil des Deltas. Dadurch soll die Druckpunktwanderung während des Überganges auf den Überschallflug weitgehend ausgeglichen werden. Im Reiseflug bei Mach 3 ist nur noch ein Trimmklappenausschlag von 0,1° notwendig. Wie bei der Concorde wird ein Teil der Flugzeugnase beim Langsamflug und Landeflug nach unten geklappt, um dem Piloten bessere Sichtverhältnisse zu gewähren. Im Reiseflug verdeckt die hochgeklappte Nase gleichzeitig die Windschutzscheibe der Pilotenkanzel. Nach Angaben von Lockheed war es durch die vorn völlig glatte Rumpfnase möglich, den Widerstand soweit herabzusetzen, daß dadurch 12 Passagiere mehr befördert werden können. Durch den sehr großen Flügel glaubt Lockheed, ohne Hochauftriebshilfen auszukommen. Wie bei der NAC-60 wird für den Überschallflug ein Auftriebswiderstandsverhältnis von 7–8, für den Unterschallflug von 12 angegeben. Der Flügel hat an seiner Hinterkante eine Kombination von Höhen- und Querruder. Die vier Triebwerke sind in vier einzelnen Gondeln unter dem Flügel untergebracht. Für die Kabine ist Fünferbestuhlung vorgesehen. Bei einer Reichweite von 5630 km können 221 Passagiere befördert werden. Mit 190 Passagieren könnte die Strecke New York–Paris beflogen werden. Zwei Eingangstüren sind vorgesehen.
Das Hauptfahrwerk sieht für jede Seite 6 Räder in »dual-dual-in-tandem«-Anordnung vor.

Folgende Daten werden für den Entwurf angegeben:

Tab. 3 Technische Daten der Lockheed CL-823
(nach [13, S. 830])

1	2
Länge	68 m
Spannweite	35,3 m
Höhe	13,94 m
Flügelfläche	774 m²
Gesamtgewicht	204 000 kg
Zahl der Passagiersitze	221
Nutzlast	20 950 kg
Reichweite	5 630 km
Entwurfsreisemachzahl	3,0
Startstrecke	2 550 m
Abhebegeschwindigkeit	305 km/h

Der Entwurf der Boeing Airplane Co. sieht als einziger ein Flugzeug mit variabler Pfeilung vor. Die Abb. 7 zeigt eine Übersichtsskizze der Boeing 733. Im Langsamflug besitzt der bewegliche Teil des Flügels eine Pfeilung von 20° sowie eine hohe Streckung, so daß mit konventionellen Hochauftriebsmitteln kürzere

Start- und Landestrecken zu erwarten sind als sie die heutigen Langstreckenjets benötigen. Mit zunehmender Geschwindigkeit schwenken die Außenflügel nach hinten und weisen schließlich eine Pfeilung von 75° auf. Das Konzept der »zwei Flügel in einem« hat für den Geschwindigkeitsbereich und den Betrieb bestechende Vorteile. Nach Angaben von Boeing soll mit ausgefahrenen Flächen im Unterschallbereich ein Auftriebswiderstandsverhältnis von 20 erreicht werden, für den Überschallflug werden, wie bei den anderen Entwürfen, 7–8 angegeben. Je nach Geschwindigkeit kann der Flügel in verschiedenen Stellungen arretiert werden. Für den Unterschallsteigflug ist eine Pfeilung von 30–35°, für die Beschleunigung auf Überschall eine Pfeilung von 50 bis 60° vorgesehen. Der Landeanflug kann mit normalem Anstellwinkel durchgeführt werden.
Die Verwirklichung dieses Projektes wirft in konstruktiver Hinsicht zahlreiche Probleme auf. Immerhin sammelten die Ingenieure der Boeing Airplane Co. auf diesem Gebiet schon einige Erfahrungen (TFX-Entwurf). Es ist vorgesehen, den Außen- und Innenflügel durch je ein Lager von über 90 cm Durchmesser zu verbinden. Boeing steht auf dem Standpunkt, daß der Schwenkmechanismus keine größeren konstruktiven Probleme auswirft als die Betätigung der Klappen. In einem Notfall soll das Flugzeug auch mit angezogenen Flügeln noch sicher zu landen sein. Kritisch ist ein Zustand, in dem nur eine Flügelhälfte ausgeschwenkt ist.

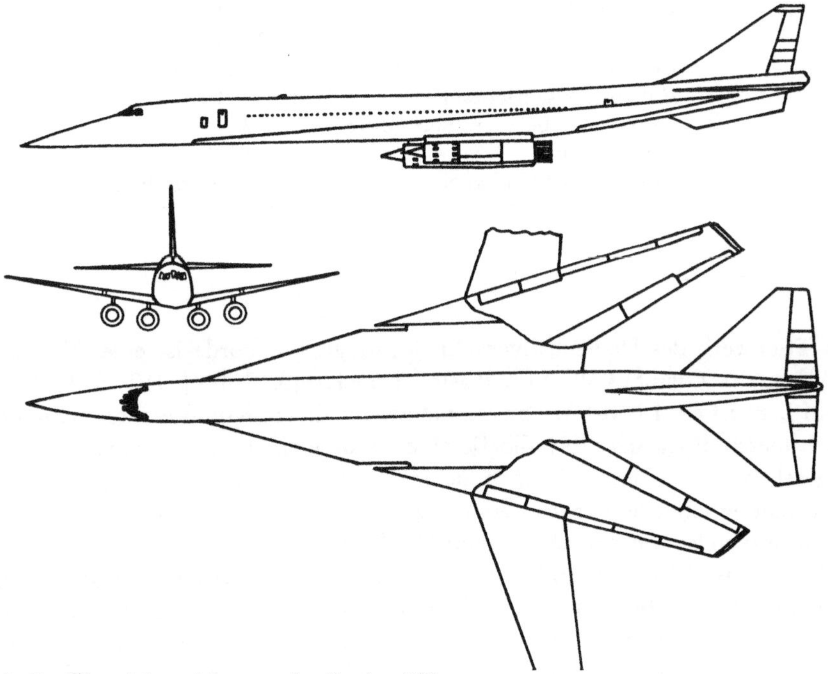

Abb. 7 Übersichtszeichnung der Boeing 733 (nach [12, S. 316])

Die Boeing 733 hat ein konventionelles Höhen- und Seitenleitwerk. Die Zelle ist, wie bei den anderen beiden amerikanischen Entwürfen, aus Stahl und Titan aufgebaut. Die Triebwerke befinden sich in vier Einzelgondeln unter dem feststehenden Teil der Fläche in der Nähe der Mittellinie. Wie bei dem NAA-Entwurf werden damit bei Ausfall eines Triebwerkes die Giermomente klein gehalten.
Boeing plant zwei Versionen, eine Normalauslegung mit 150 Sitzen und einer Reichweite von 6500 km und eine Mittelstreckenauslegung mit einem um 45 ft längeren Rumpf und 214 Sitzen.
Das Gepäck und die Fracht werden in einem Raum hinter der Passagierkabine untergebracht. Die Boeing 733 soll ein normales Fahrwerk in »Doppeltandem«-Anordnung erhalten.

Tab. 4 Technische Daten der Boeing 733
(nach [104, S. 191], [13, S. 829])

1	2
Länge	62 m
Spannweite bei gespreiztem Tragwerk	52,6 m
Spannweite bei gefaltetem Tragwerk	26,2 m
Höhe	14,7 m
Flügelfläche (Flügel gespreizt)	435 m^2
Gesamtgewicht	195 000 kg
Zahl der Passagiersitze	150
Nutzlast	13 600 kg
Reichweite	6 500 km
Entwurfsreisemachzahl	2,7
Startstrecke bei max. Startgewicht	2 285 m
Landestrecke	1 760 m
Abhebegeschwindigkeit	285 km/h

2.3 Triebwerke

Das Triebwerk des Überschallverkehrsflugzeuges Concorde ist eine Weiterentwicklung des Olympus 593 von Bristol Siddeley [3, S. 164], [12, S. 324], [10, S. 86f.]. Es ist ein Einkreistriebwerk mit zweiwelligem Kompressor. Während in den früheren Entwürfen für die Beschleunigungsphase eine Nachverbrennung vorgesehen war, soll jetzt darauf verzichtet werden und sogar noch höherer Schub durch eine erhebliche Vergrößerung des Luftdurchsatzes erreicht werden. Der Einlaufdurchmesser des neuen Musters 593 B ist gegenüber dem Ausgangsmuster um 148 mm auf 1215 mm erhöht worden. Die Länge des Triebwerkes beträgt jetzt 3510 mm. Das Triebwerksmuster Olympus 593 B ist das erste zivile Strahltriebwerk, das für längeren Betrieb bei Machzahlen, die größer als zwei sind, entworfen wurde. Das Triebwerk muß sowohl beim Start als auch während der Beschleunigungsphase und beim Überschallreiseflug bei maximalem Schub günstige spezifische Verbräuche haben. Bristol Siddeley kam zu der Überzeugung, daß diesen Forderungen am besten ein Triebwerk mit mittlerem Druckverhältnis angepaßt ist. Die vier Triebwerke der Concorde sind in zwei Doppelgondeln ungefähr in der Mitte der Halbspannweite untergebracht. Dank dieser Anordnung liegen die Lufteinläufe hinter der Flügelvorderkante, profitieren also von der strömungsglättenden Wirkung des Tragwerks und sind gegen Anstellwinkeländerungen weitgehend unempfindlich. Triebwerksgondel und Lufteinlauf, für deren Entwurf die British Aircraft Corporation verantwortlich zeichnet, haben rechteckige Form. Im Reiseflug entstehen drei schräge Verdichtungsstöße.

Die hinter dem Stoßwellensystem herrschende Unterschallströmung wird im Diffusor so weit verzögert, daß sich im Einlaufquerschnitt des Triebwerkes eine Geschwindigkeit entsprechend Mach 0,5 ergibt. Im Diffusor vollzieht sich auch der Übergang vom Rechteck- zum Kreisquerschnitt. Die Geometrie des Einlaufs kann verändert werden, um dadurch je nach Fluggeschwindigkeit den Luftdurchsatz dem Optimaldurchsatz des Triebwerkes anzupassen. Ebenso wie der Einlauf ist auch die Schubdüse, für deren Entwurf die SNECMA verantwortlich ist, regelbar. Eine Schubumkehr zur zusätzlichen Bremsung beim Ausrollen ist vorgesehen. Während zwischen der Verstellung des Einlaufs und der Triebwerksregelanlage keine direkte Verbindung besteht, erfolgt die Leistungsregelung des Triebwerks und die Verstellung der Schubdüse elektronisch. Der Triebwerkshebel dient lediglich dazu, die Ausgangspositionen festzulegen. Steht der Triebwerkshebel auf »Vollschub«, so läßt sich der Höchstschub oder der maximale Dauerschub mit einem Schalter wählen, der die Turbineneintrittstemperaturen bestimmt.

Für die ersten Flugzeuge soll das Triebwerk einen Standschub von 14528 kp haben, später sollen Triebwerke mit 16000 kp Standschub zum Einbau kommen. Bei einem maximalen Abfluggewicht der Concorde von 148000 kp ergibt sich damit ein Schub/Gewichtsverhältnis von $4 \times 14528/148000 = 0{,}38$.

Über das Triebwerk für die amerikanischen Entwürfe existieren bisher nur wenige Unterlagen [12, S. 316], [16, S. 76f.]. Curtiss-Wright bietet ein Einkreistriebwerk ohne Nachverbrennung an. Der Entwurf von Pratt & Whitney ist ein Zweikreiser mit Nachverbrennung. General Electric schlägt sowohl einen Zweikreiser als auch einen Einkreiser, beide mit Nachverbrennung, vor. Der Einkreiser ist eine Weiterentwicklung des Triebwerks 393, das für die B-70 entworfen wurde. Alle drei Entwürfe werden einen Standschub von 18000 bis 24000 kp haben, veränderliche Einlaufgeometrie und Schubdüsenverstellung.

2.4 Vergleich der amerikanischen Entwürfe und der Concorde mit der Boeing 707-320

In Abb. 8 und Tab. 5 sind die drei amerikanischen Entwürfe eines Überschallverkehrsflugzeuges und die Concorde noch einmal zusammengestellt. Zum Vergleich wurde die Boeing 707–320 mit aufgenommen.

Tab. 5 Technische Daten der amerikanischen Entwürfe eines Überschallflugzeuges, der Concorde und der Boeing 707-320 Intercontinental (nach [13, S. 829f.], [3, S. 163f.], [104, S. 187f.])

	Boeing 733	Lockheed CL-823	North American NAC-60	Concorde	Boeing 707-320
	1	2	3	4	5
	Variable Flügelgeometrie	Fester Doppeldeltaflügel ohne Hochauftriebshilfen, absenkbare Rumpfnase	Fester Doppeldeltaflügel mit Hochauftriebshilfen, festes Entenleitwerk	Fester Deltaflügel in gotischer Form, absenkbare Rumpfnase	Pfeilflügel
Triebwerksschub	4×20000 kg	4×20000 kg	4×20000 kg	4×14528 kg	4×7620 kg
Länge	62 m	68 m	59,5 m	56,1 m	45,6 m
Spannweite	52,6 m [3] 26,2 m [4]	35,3 m	37,0 m	25,6 m	43,4 m
Flügelfläche	435 m^2	774 m^2	596 m^2	358 m^2	268,7 m^2
Höhe	14,7 m	13,94 m	14,7 m	11,2 m	12,7 m
Gesamtgewicht	195000 kg	204000 kg	217500 kg	148000 kg	141520 kg
Zahl der Passagiersitze	150	221	170–187	118	179
Nutzlast	13600 kg	20950 kg	15820 kg	11800 kg	24950 kg
Reichweite	6500 km	5630 km [5]	6440 km	6400 km	7600 km
Reisemachzahl	2,7	3,0	2,65	2,2	0,82
Startstrecke bei max. Abfluggewicht	2285 m	2550 m	2360 m	–	3245 m
Landestrecke	1760 m	–	1890 m	–	2220 m
Abhebegeschwindigkeit	285 km/h	305 km/h	250 km/h	–	–

[3] Bei gespreiztem Tragwerk.
[4] Bei gefaltetem Tragwerk.
[5] Bei 13600 kg Nutzlast betägt die Reichweite 6500 km [58].

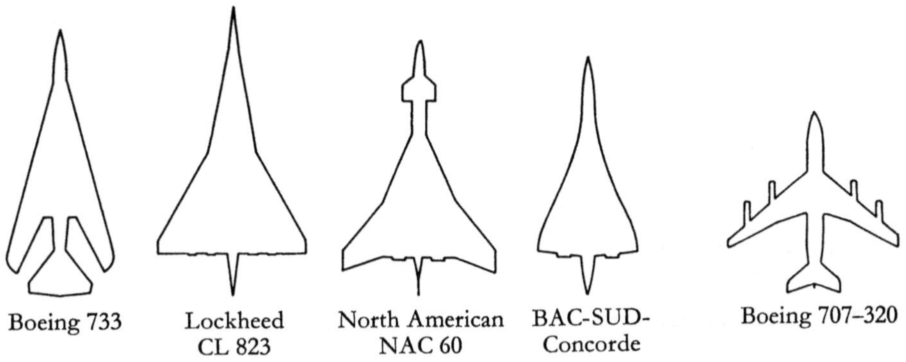

Abb. 8 Vergleich der verschiedenen Entwürfe für ein Überschallverkehrsflugzeug und der Boeing 707-320
(nach [12, S. 316f.], [3, S. 163], [20, S. 268])

Während der Niederschrift dieser Arbeit reichten Lockheed und Boeing verbesserte Entwürfe für ein Überschallflugzeug ein [19, S. 3]. Der Lockheedentwurf trägt jetzt die Bezeichnung L-2000. Ursprünglich für 218 Passagiersitze ausgelegt, wird nun eine Konfiguration für 170/250 Sitze angeboten. Die Flügelfläche wurde auf 838,5 m^2 vergrößert. Die Reichweite der neuen Boeing 733 wurde auf 8000 km verlängert. Die Langstreckenversion hat jetzt 200 Sitze. Die direkten Betriebskosten sollen nicht größer sein als die der Boeing 707–320. Genauere Unterlagen über die verbesserten Entwürfe liegen zur Zeit noch nicht vor.

3. Flug- und Betriebseigenschaften von Überschallflugzeugen

3.1 Flugeigenschaften

3.1.1 Allgemeine Grenzen

Bevor es möglich ist, für die einzelnen Abschnitte des Flugprofils eines Überschallflugzeuges die Flugeigenschaften zu untersuchen, ist es notwendig festzulegen, durch welche allgemeinen Grenzen das Flugprofil beeinflußt wird [21]. In Abb. 9 sind einige dieser Grenzen in Abhängigkeit von der Machzahl und Flughöhe dargestellt. Im niedrigen Geschwindigkeitsbereich gilt als Grenze zunächst die »Überziehgeschwindigkeit«, die Geschwindigkeit, mit der das Flugzeug bei einer bestimmten Höhe noch flugfähig ist. Bei größeren Höhen hängt die Minimalgeschwindigkeit von der Triebwerkscharakteristik ab, d. h. vom geringsten Schub, bei dem die Triebwerke noch sicher betrieben werden können.
Für die größeren Machzahlen existiert eine ganze Reihe von Grenzen; wenn sie mit steigender Höhe verfolgt werden, so ist die Fluggeschwindigkeit zunächst durch den zulässigen Staudruck oder durch Flattererscheinungen begrenzt. Der Staudruck ist ein Maß für die an dem Flugzeug angreifenden Kräfte, so daß aus

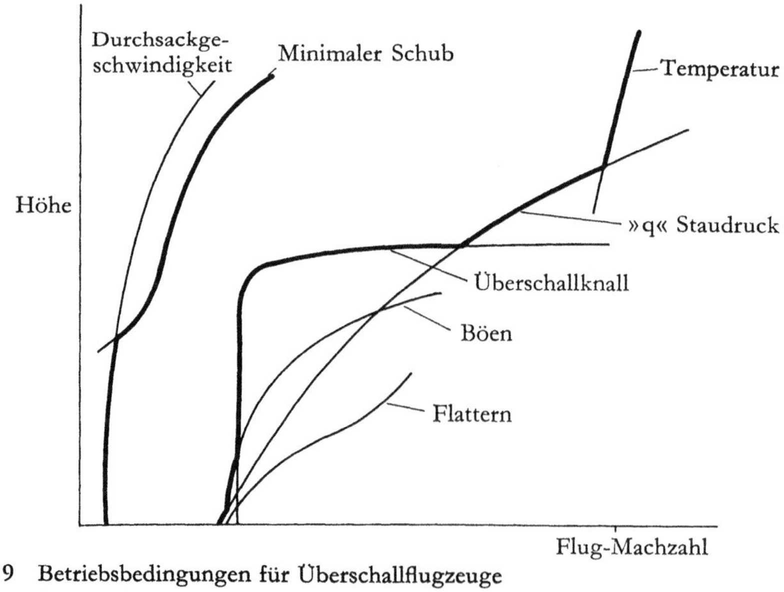

Abb. 9 Betriebsbedingungen für Überschallflugzeuge (nach [21, S. 27])

Gründen der Festigkeit nur mit einem bestimmten Staudruck geflogen werden kann. Mit steigender Flughöhe wird wegen der abnehmenden Luftdichte ein bestimmter Staudruck erst bei höheren Fluggeschwindigkeiten erreicht. Für die Festigkeit ist dann zunächst der Böeneinfluß entscheidend, d. h., es darf nur mit einer bestimmten Geschwindigkeit geflogen werden, damit durch etwa auftretende Böenbelastungen das zulässige Lastvielfache nicht überschritten wird. Bei Annäherung an die Schallgeschwindigkeit tritt eine Grenze in Erscheinung, die nicht mehr von der Festigkeit des Flugzeuges bestimmt ist, sondern von der Stärke des durch das Flugzeug erzeugten Überschallknalls. Um Störungen der Bevölkerung am Boden und Schäden an Gebäuden zu verhindern, kann die Beschleunigung auf Überschallgeschwindigkeit erst in größeren Höhen erfolgen. Über dieser Höhe und bei größeren Geschwindigkeiten tritt als Grenze für die Höchstgeschwindigkeit wieder der maximal zulässige Staudruck auf. Mit steigender Flugmachzahl nimmt die aerodynamische Aufheizung zu, so daß die Höchstgeschwindigkeit des Flugzeuges durch die maximal zulässige Temperatur der Außenhaut der Zelle begrenzt ist. Jedes Überschallflugzeug kann nur zwischen diesen Grenzen sicher operieren.

3.1.2 Flugprofile

Das Flugprofil für ein Mach 2,2- und Mach 3-Flugzeug hat nur geringe Unterschiede. Während beim Mach 2,2-Flugzeug die Reisehöhe etwa 60000 Fuß beträgt, liegt sie beim Mach 3-Flugzeug entsprechend höher bei etwa 70000 Fuß. Die Abb. 10 zeigt ein typisches Profil der Concorde für einen Flug über eine Strecke von 3100 n.m., Abb. 11 ein Profil eines Mach 3-Flugzeuges für einen Flug London–New York.
Für die einzelnen Abschnitte des Flugprofils verdienen folgende Punkte besondere Beachtung [22]:

Anlassen der Triebwerke und Rollen

Wegen der großen Leistung der Triebwerke für Überschallflugzeuge und des damit verbundenen hohen spezifischen Kraftstoffverbrauchs, ist nach dem Anlassen der Triebwerke ein ununterbrochener Rollvorgang bis zur Startposition erforderlich. Jede Verzögerung würde die Wirtschaftlichkeit herabsetzen und die wünschenswerte durchgehende Freigabe des Fluges vom Start bis zur Landung stören.

Start

Überschallflugzeuge werden mit sehr großer Wahrscheinlichkeit mit den heute vorhandenen Startbahnen auf Großflughäfen auskommen. Die Abb. 12 zeigt die erforderlichen Startbahnlängen in Abhängigkeit von der Abhebegeschwindigkeit und dem Schub/Gewichtsverhältnis. Der schraffierte Bereich im oberen linken Teil der Abbildung zeigt in etwa die Startcharakteristiken der heutigen großen

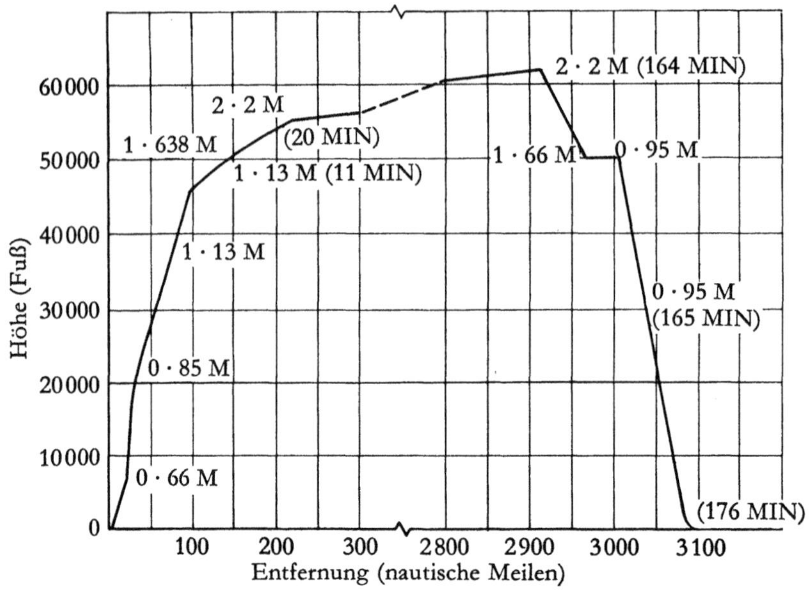

Abb. 10 Flugprofil eines Mach 2,2-Flugzeuges für eine Strecke von 3100 n. m. (nach [23, S. 14])

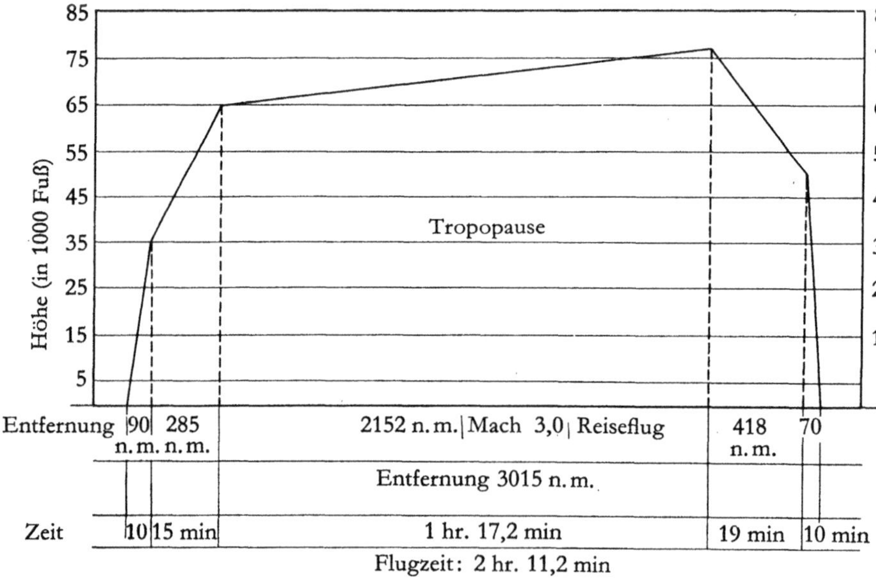

Abb. 11 Flugprofil eines Mach 3-Flugzeuges für einen Flug London–New York (nach [24, S. 182])

Unterschallflugzeuge [21]. Das Schub/Gewichtsverhältnis liegt bei 0,2–0,25. Die größeren Abfluggewichte der Überschallverkehrsflugzeuge und das ungünstigere Auftriebs/Widerstandsverhältnis ergeben höhere Abhebegeschwindigkeiten. Das wesentlich günstigere Schub/Gewichtsverhältnis (0,3–0,35) gleicht aber diesen Nachteil aus.

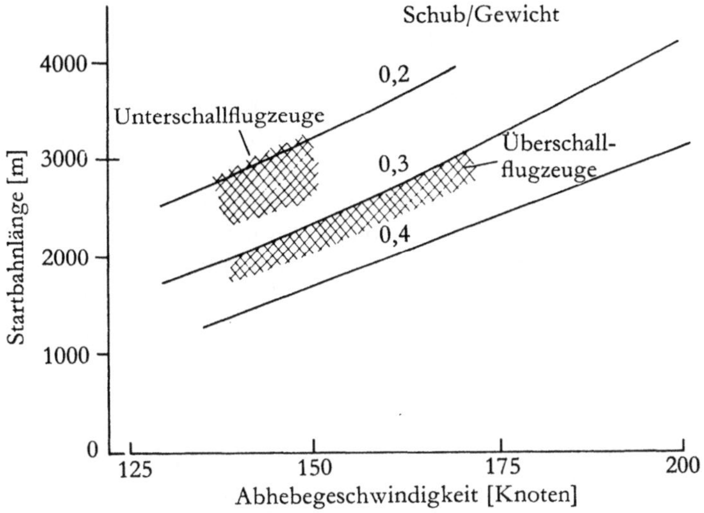

Abb. 12 Startbahnlänge in Abhängigkeit vom Schub/Gewichtsverhältnis und der Abhebegeschwindigkeit für einen heißen Tag (nach [21, S. 30])

Nach dem im unteren Teil der Abb. 12 eingetragenen Startbereich der Überschallflugzeuge würden in allen Fällen Startbahnlängen von 3000 m ausreichend sein. Der Startvorgang selbst entspricht dem der heutigen Unterschallstrahlflugzeuge: Beschleunigen bis zur Aufrichtgeschwindigkeit – Aufrichten – Beschleunigen bis zur Abhebegeschwindigkeit – Abheben. Wegen der größeren Geschwindigkeiten und höheren Beschleunigungen sind Bemühungen um eine besondere Startanzeige erforderlich.

Steigflug und Beschleunigung

Der Steigflug der Überschallflugzeuge muß ein Kompromiß zwischen dem günstigsten Treibstoffverbrauch und einem möglichst geringen Überschallknall sein. Vom Treibstoffverbrauch her wäre das Ideal eine möglichst schnelle Beschleunigung bis auf Überschall. Nach den Forderungen der FAA dürfen aber die am Boden zu erwartenden Schalldrücke während der Beschleunigungsphase den Wert von 9,7 kg/m² und während des Reisefluges den Wert von 7,3 kg/m² nicht übersteigen [25, S. 19]. Daher kann die Beschleunigung auf Überschallgeschwindigkeit erst in Höhen von 34500 Fuß (11500 m) erfolgen[6].

[6] Vgl. Abschnitt 8.2.

Für die Concorde ist ein Steigflug [23, S. 14] vorgesehen, der bei einer Geschwindigkeit von Mach 0,3 in Meereshöhe beginnt und in 5000 Fuß Mach 0,6 erreichen soll. Daran schließt sich ein Steigflug mit konstanter angezeigter Fluggeschwindigkeit (IAS) von 365 Knoten an. In 20000 Fuß Höhe wird Mach 0,82 erreicht, in 34500 Fuß Mach 1,13. Es folgt nun ein Steigflug mit konstanter Machzahl bis 44000 Fuß. Dann schließt sich ein beschleunigter Steigflug an, der in 54000 Fuß Höhe Mach 2,2 erreicht. Der ganze Steigflug dauert etwa 20 min und beansprucht eine Distanz von 200 bis 300 nautischen Meilen. Die Höhe von 44000 Fuß wird bereits nach 11 min und 100 n.m. erreicht.

Die amerikanischen Vorschläge unterscheiden sich voneinander. Nach einem Vorschlag der NASA [21, S. 6] erfolgt nach schneller Beschleunigung auf Mach 0,9 ein Steigflug mit konstanter Machzahl bis auf 45000 Fuß Höhe. Die Beschleunigung auf Überschallgeschwindigkeit soll in konstanter Höhe erfolgen. Nachdem Mach 1,1 erreicht ist, folgt ein beschleunigter Steigflug bis zur Reisemachzahl und Reisehöhe.

Lockheed [26, S. 38] schlägt nach dem Start einen Steigflug mit konstanter angezeigter Fluggeschwindigkeit von 312 Knoten vor. In 34500 Fuß Höhe wird Mach 0,96 erreicht. In einem beschleunigten Steigflug werden dann in 56000 Fuß Höhe 550 Knoten IAS oder Mach 2,8 erreicht. Bei einer Auslegung des Flugzeuges auf eine Fluggeschwindigkeit von Mach 3,0 wird dann zunächst mit konstanter angezeigter Fluggeschwindigkeit von 550 Knoten weiter gestiegen bis Mach 3,0 erreicht ist und dann mit konstanter Machzahl bis zur Ausgangsreiseflughöhe von 65000 Fuß. Auch hier dauert der gesamte Steigflug etwa 20 min und beansprucht eine Entfernung von 200 bis 300 n.m. Die Höhe von 34500 Fuß wird nach 11 min und etwa 80 n.m. erreicht.

Der Steigflug ist die kritischste Phase des Fluges. Allein 30% des gesamten Treibstoffbedarfs entfallen auf Steigflug und Beschleunigung. Die hier angeführten Flugprofile sehen eine Beschleunigung auf Überschall direkt oberhalb der Tropopause vor.

Die Abb. 13 zeigt vier Vertikalschnitte der Atmosphäre mit verschiedenen Temperaturgradienten [24, S. 193f.]. Schnitt »a« zeigt Temperaturgradienten, die der Normalatmosphäre entsprechen. Steigflug und Beschleunigung entsprechen dem normalen Flugprofil. Schnitt »b« zeigt Verhältnisse, wie sie in tropischen Luftmassen vorkommen können, die Tropopause liegt erst bei 54000 Fuß. Ein Unterschallsteigeflug bis zu dieser Höhe ist wegen der Erhöhung der Flugzeit nicht möglich. Wird die Beschleunigung im Punkt b_1 durchgeführt (Standardtropopausenniveau), ist die Größe der Beschleunigung kleiner als unter Normalbedingungen und durch die um 18,5°C zu hohe Temperatur wird der Kraftstoffverbrauch für die Beschleunigung um 30% erhöht. Damit ist ein sehr hoher Verlust an Nutzlast verbunden. Bei Überschallflugzeugen macht der Kraftstoff etwa 50% des Abfluggewichtes aus. Bei einem Abfluggewicht von 200 t also 100 t. Für Start- und Steigflug mit Beschleunigung werden etwa 30% des Kraftstoffs benötigt[7]. Wird angenommen, daß auf die Beschleunigung 15% des gesamten

[7] Vgl. Abb. 16.

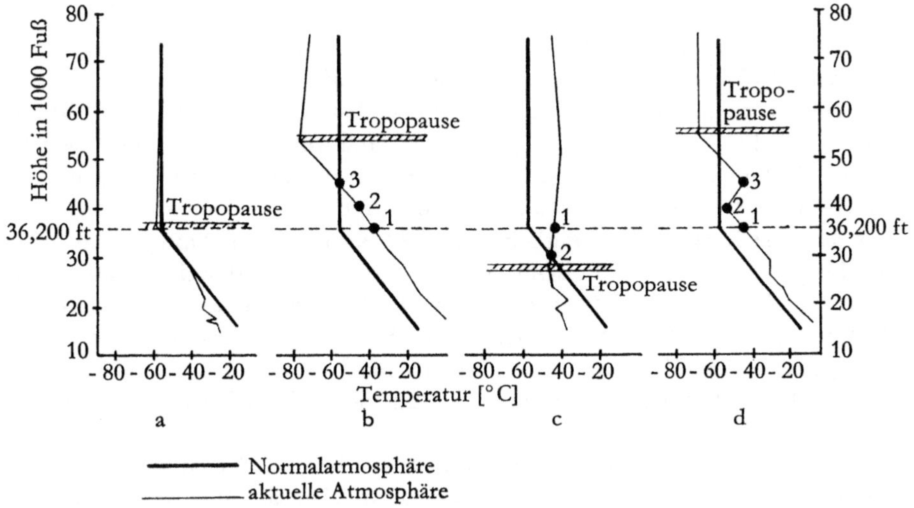

Abb. 13 Vertikalschnitte der Atmosphäre bei unterschiedlichen Luftmassen (nach [24, S. 193])

Kraftstoffs entfallen, d. h. 15 t, bedeutet eine Steigerung dieses Verbrauches um 30% einen *Nutzlastverlust* von 4,5 t oder 45 Passagieren. Ebenso ist im Punkt b_2 die Beschleunigung kleiner und die um 10° C höhere Temperatur bedeutet eine Erhöhung des spezifischen Verbrauchs um 10%, also auch noch einen Nutzlastverlust von 1,5 t. Im Punkt b_3 ist zwar der Unterschallsteigflug etwas länger als normal, er geht bis 45000 Fuß, die Beschleunigung verläuft aber unter normalen Bedingungen. Schnitt »c« zeigt Verhältnisse, wie sie in arktischen Luftmassen auftreten können. Hier liegt die Tropopause tiefer, bei etwa 24000 Fuß, die ganze Stratosphäre ist um 10° C zu warm. Eine Beschleunigung ohne eine Erhöhung des spezifischen Verbrauchs ist nicht möglich. Im Punkt c_1 beträgt die Erhöhung 10%. Hier ist es am günstigsten, schon im Punkt c_2 zu beschleunigen, soweit sich das nicht wegen des starken Überschallknalls verbietet. Die größere Luftdichte erhöht die Triebwerksleistung und bewirkt dadurch einen geringeren zusätzlichen Treibstoffverbrauch. Schnitt »d« zeigt schließlich eine Inversion. Im Punkt d_1 und im Punkt d_3 ergibt sich wegen der zu hohen Temperaturen wieder ein zu hoher Kraftstoffverbrauch. Hier wird die Beschleunigung im Punkt d_2 erfolgen, da die Temperatur nur geringfügig über dem Normalwert liegt.
An diesen Beispielen zeigt sich deutlich die ganze Problematik der Beschleunigungsphase. Ohne eine sehr gute Flugvorbereitung und genaueste meteorologische Daten kann der ganze Flugablauf gefährdet werden.

Streckenflug

Nach Erreichen der Reiseflugausgangshöhe wird der Streckenflug mit konstanter Machzahl durchgeführt. Auf die Probleme der Streckennavigation und die Auswahl des günstigsten Flugweges wird weiter unten[8] noch ausführlich eingegangen. Für einen Flug London–New York wird für ein Mach 2,2-Flugzeug die Ausgangsreisehöhe 54000 Fuß (16460 m), die Endhöhe 63000 Fuß (19200 m) betragen. Für ein Mach 3-Flugzeug sind die entsprechenden Werte 65000 Fuß (19810 m) und 76000 Fuß (23160 m). Der günstigste Treibstoffverbrauch ergibt sich für einen ständig steigenden Reiseflug (cruise climb). Ein Mach 3-Flugzeug muß dabei mit 6000 Fuß je Stunde steigen [24, S. 186] und hat unter Normalbedingungen eine Reisegeschwindigkeit von 1728 Knoten (3188 km/h). Von seiten der Flugsicherung ist ein Reiseflug günstiger, der abschnittsweise in konstanter Höhe durchgeführt wird (step climb). Viele Autoren lehnen ein solches Verfahren wegen der damit verbundenen Erhöhung des Treibstoffbedarfs ab [23, S. 14], [22, S. 13]. Einer der besten Kenner der Navigationsprobleme des Überschallverkehrs, Polhemus, hält aber doch ein solches Verfahren für zulässig [24, S. 186].

Die Abb. 14 zeigt den zusätzlichen Treibstoffverbrauch, der entsteht, wenn die optimale Reiseflughöhe nicht eingehalten wird. Hält das Flugzeug jeweils für 30 min eine konstante Höhe, beträgt die maximale Abweichung vom optimalen Flugweg 1500 Fuß. Das bedeutet eine Erhöhung des Treibstoffbedarfs für den Reiseflug um höchstens 1%. Werden für den Reiseflug 55% des Treibstoffs ver-

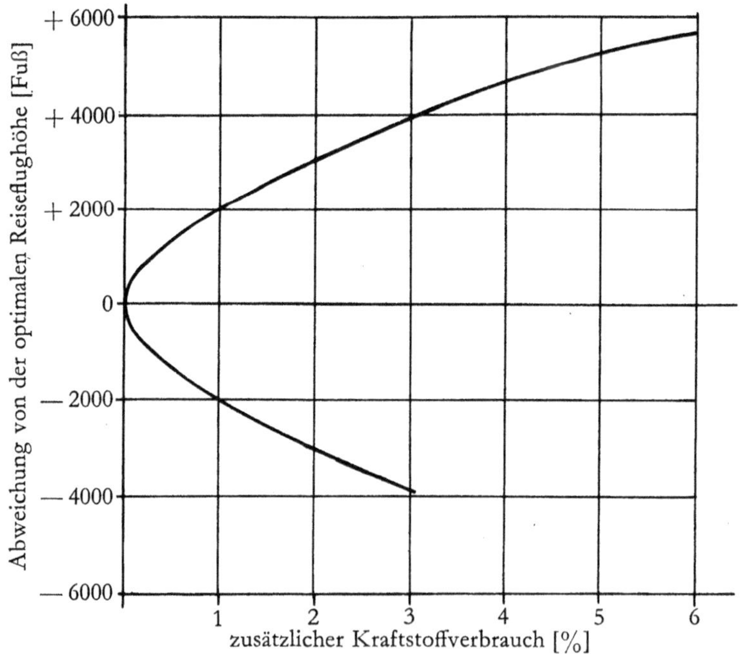

Abb. 14 Zusätzlicher Treibstoffverbrauch bei Abweichungen von der optimalen Reiseflughöhe
(nach [24, S. 188])

[8] Vgl. Abschnitt 4.

braucht[9], entsteht dadurch bei 100 t Gesamttreibstoff ein Nutzlastverlust von 550 kg. Bei den großen Vorteilen, die ein solches Verfahren für die Navigation und Flugsicherung bietet, müßte dieser Verlust tragbar sein. Eine endgültige Entscheidung ist erst möglich, wenn die genauen Triebwerkskenndaten der Überschallflugzeuge vorliegen.

Sinkflug

Wie schon beim Steigflug, bestehen auch über die Durchführung des günstigsten Sinkfluges unterschiedliche Vorstellungen. Für die Concorde [23, S. 14] wird der Sinkflug in einer Entfernung von 200 n.m. vor dem Zielflughafen eingeleitet. Zunächst wird die Flughöhe von 63000 Fuß auf 50000 Fuß herabgesetzt. Hierbei wird noch mit Überschallgeschwindigkeit geflogen. In 50000 Fuß Höhe wird die Geschwindigkeit auf Mach 0,95 herabgesetzt, dabei bleibt die Flughöhe konstant. Mit Mach 0,95 geht das Flugzeug bis auf 30000 Fuß herunter, um dann den Sinkflug mit konstanter angezeigter Fluggeschwindigkeit von 255 Knoten zu beenden. Der ganze Sinkflug dauert etwa 20 min.

Für das Mach 3-Flugzeug wird der Sinkflug bereits 300–450 n.m. vor dem Bestimmungsflughafen eingeleitet. Lockheed [26] schlägt vor, die Geschwindigkeit während des Sinkens zunächst bis auf 312 Knoten angezeigter Fluggeschwindigkeit (IAS) herabzusetzen und mit konstanter angezeigter Fluggeschwindigkeit von 312 Knoten den Sinkflug weiterzuführen. Der Sinkflug eines Mach 3-Flugzeuges wird etwa 30 min in Anspruch nehmen.

Eine Entscheidung darüber, ob ein Ausweichflughafen angeflogen werden muß, sollte schon vor dem Einleiten des Sinkfluges getroffen werden.

Landung

Überschallflugzeuge werden nach den zur Verfügung stehenden Unterlagen [16, S. 65] keine größeren Anschwebegeschwindigkeiten haben als die jetzigen Unterschallstrahlverkehrsflugzeuge. Für die Boeing 733 werden 240 km/h, für den Lockheed und North American-Entwurf 250 km/h angegeben. Demgegenüber beträgt für die Boeing 707-320 die Anschwebegeschwindigkeit 256 km/h [20, S. 269]. Daher werden keine längeren Landebahnen benötigt als für die heutigen Strahlverkehrsflugzeuge. Flügel geringer Streckung, wie sie für die Überschallverkehrsflugzeuge vorgesehen sind, müssen beim Endanflug sehr stark angestellt werden, um noch genügend Auftrieb zu erzeugen. Dadurch entstehen für die Landung einige besondere Probleme. Der Pilot wird sich wesentlich höher über der Landebahn befinden als bei den heutigen großen Verkehrsflugzeugen. Die Sichtverhältnisse sind dadurch schlecht. Beim Entwurf der Concorde und beim Entwurf von Lockheed ist daher eine abklappbare Rumpfnase vorgesehen. Es erhebt sich auch die Frage, ob der Pilot noch in der Lage ist, aus eventuell 10 m Höhe genau den Abstand von der Landebahn zu schätzen und so sicher aufzusetzen. Durch den

[9] Vgl. Abb. 16.

großen Anstellwinkel entsteht beim Endanflug ein hoher Widerstand. Das hat zur Folge, daß zur Aufrechterhaltung der Geschwindigkeit bei größer werdendem Anstellwinkel der Schub erhöht werden muß. Ein genaues Einhalten des Gleitweges bzw. der Sinkgeschwindigkeit ist nur mit Hilfe eines Schubreglers möglich. Nach den bisherigen Erfahrungen mit Militärflugzeugen ohne einen solchen Regler glaubt man aber, daß von einer geübten Besatzung das Flugzeug auch nach Ausfall des Reglers geflogen werden kann [3, S. 166].
Für einen Flug London–New York wird ein Mach2,2-Flugzeug 2,93 Std. benötigen. Auf den reinen Überschallflug entfallen dabei 2,23 Std. oder 76% der Flugzeit und 92,5% der Flugstrecke [3, S. 164]. Ein Mach3-Flugzeug benötigt für die gleiche Strecke 2,19 Std. Auf den Überschallflug entfallen dabei 1,25 Std. oder 57,5% der Flugzeit und 71,0% der Strecke [24, S. 182].

3.1.3 Stabilität und Steuerbarkeit

Eine eingehende Untersuchung der Stabilität und Steuerbarkeit von Überschallflugzeugen ist im Rahmen dieser Arbeit nicht möglich. Es sollen hier nur einige besondere Probleme herausgegriffen werden. Stabilität bedeutet dabei, wie von dem System Flugzeug, unter Wirkung der äußeren Kräfte, ein bestimmter Flugzustand eingehalten wird; Steuerbarkeit die Art und Weise, wie vom System Flugzeugführer–Flugzeug ein bestimmter Flugzustand durch Betätigung der Ruder eingehalten oder geändert werden kann. Bei den Untersuchungen wird in Längsbewegungen, Seitenbewegungen und gekoppelte Bewegungen unterschieden. Längsbewegungen sind Translationen in Richtung der Hoch- und Längsachse und Drehungen um die Querachse, Seitenbewegungen sind Translationen in Richtung der Querachse und Drehungen um die Hoch- und Längsachse. Im Zusammenhang mit der *Längsbewegung* ist für die Überschallflugzeuge die Wanderung des Druckpunktes im transonischen Bereich von Bedeutung. Im Abschnitt 2.2 war bereits erläutert worden, wie bei den einzelnen Entwürfen für ein Überschallflugzeug diese Druckpunktwanderung ausgeglichen wird. Die Trimmung wird automatisch erfolgen. Ein Ausfall dieser automatischen Trimmung kann zu gefährlichen Flugzuständen führen. Die Abb. 15 zeigt den allgemeinen Verlauf des erforderlichen Höhenrudertrimmausschlages in Abhängigkeit von der Machzahl und Höhe. Während zunächst mit steigender Flugmachzahl eine Vertrimmung in Richtung Drücken erforderlich ist, tritt etwa im Bereich zwischen Mach 0,82 und Mach 1,0 eine Umkehr auf, die durch den Aufbau der Überschallströmung und die damit verbundene Wanderung des Druckpunktes nach hinten bedingt ist. Bei fehlerhafter Trimmung kann das zu einem Flugzustand führen, der während der Beschleunigungsphase mit »tuck under« und während der Verzögerungsphase mit »tuck up« bezeichnet wird [27, S. 4f.]. Ein Flugzeug sei entsprechend Abb. 15 bei Mach 0,9 ausgetrimmt. Wenn die Geschwindigkeit jetzt geringfügig größer wird, ist eine Vertrimmung in Richtung Ziehen erforderlich. Geschieht das nicht, wird ein kopflastiges Moment frei. Dadurch nimmt das Flug-

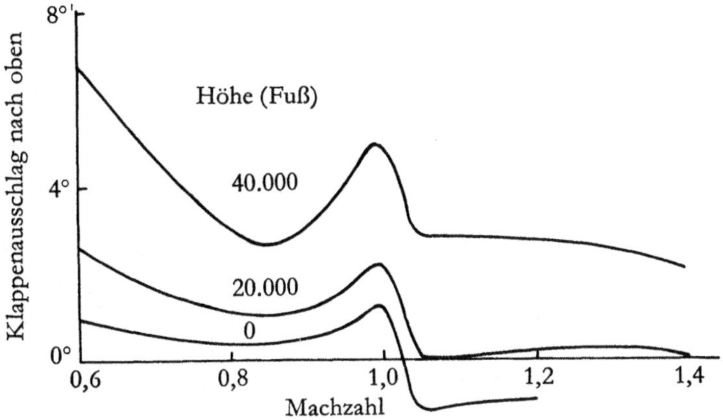

Abb. 15 Höhenrudertrimmausschlag in Abhängigkeit von der Machzahl und Höhe (nach [27, S. 32])

zeug noch mehr Fahrt auf, bis bei gleichem Ruderausschlag wieder ein stabiler Zustand erreicht ist. Der umgekehrte Vorgang entsteht bei der Verzögerung. Die Ruderwirksamkeit fällt im transonischen Bereich stark ab. Dies ist während der Verzögerungsphase sehr gefährlich, weil bei gleicher Knüppelkraft eine plötzliche Erhöhung des Lastvielfachen auftritt [28, S. 93].

Im Zusammenhang mit der Längsstabilität muß noch erwähnt werden, daß für die Flügel der Überschallflugzeuge eine Überziehgeschwindigkeit nicht festgelegt werden kann. Der Anstieg des Auftriebsbeiwertes mit dem Anstellwinkel verläuft so flach, daß der maximal mögliche Anstellwinkel aus anderen Gründen nicht erreicht werden kann. Dieser flache Anstieg hat aber den Vorteil, daß Überschallflugzeuge wesentlich weniger böenempfindlich sind als die heutigen Strahlverkehrsflugzeuge.

Ein Maß für die *Seitenstabilität* ist das Giermoment infolge Schiebens [29, S. 141 f.]. Im Langsamflug bei hohen Anstellwinkeln können im Bereich kleiner Schiebewinkel Richtungsinstabilitäten auftreten. Bei größeren Schiebewinkeln wird der Zustand normalerweise wieder stabil. Sehr gefährlich können Instabilitäten im Bereich großer Machzahlen werden. Wegen des hohen Staudruckes können schon kleine Schiebewinkel sehr große Lasten ergeben, die in so kurzer Zeit zum Bruch führen, daß dem Flugzeugführer keine Zeit mehr zum Eingreifen bleibt. Um daher in jedem Falle stabil zu bleiben, müssen die Seitenleitwerke sehr groß werden. Dadurch werden aber im Schiebeflug nicht nur Giermomente, sondern auch Rollmomente erzeugt. Grundsätzlich ist diese Art der Kopplung erwünscht, da sie die Einleitung des Kurvenfluges erleichtert. Wird das Koppelmoment jedoch übergroß, bedarf es sehr großer Querruder.

Die Form der Überschallflugzeuge bringt es mit sich, daß einige besondere *Kopplungseffekte* auftreten. Der Rumpf ist sehr schlank, der Flügel hat nur eine geringe Streckung, damit ist das Trägheitsmoment um die Flugzeuglängsachse relativ klein. Die oben erwähnte große Kopplung zwischen Schieben und Rollen kann dadurch Überschallflugzeuge stark seitenwindempfindlich machen. Die er-

forderlichen Querruderausschläge, um das Schieberollmoment auszugleichen, sind so groß, daß für ein typisches kleineres Überschallflugzeug Anfangsrollbeschleunigungen von 42°/sec² angegeben werden [30, S. 139]. Bei den Überschallverkehrsflugzeugen wird der Aufbau der Querneigung sicherlich wesentlich langsamer vonstatten gehen. Er erscheint aber doch so gefährlich, daß er nur durch ein automatisches System großer Autorität abgefangen werden kann.
Bei geringen Winkelgeschwindigkeiten können Kopplungen zwischen Längs- und Seitenbewegung im allgemeinen vernachlässigt werden. Bei Überschallflugzeugen wurden aber erstmals Erscheinungen beobachtet, die einer Kopplung von Längs- und Seitenbewegung entspringen und unter den Begriffen Rollkopplung und Trägheitskopplung zusammengefaßt werden [29, S. 149]. Diese Erscheinung entsteht durch das Zusammenspiel zweier dynamischer Effekte. Einmal ist es die Neigung eines schnell rotierenden schlanken Körpers, sich bei der Drehung die Körperachse mit dem höchsten Trägheitsmoment als Drehachse zu suchen, zum anderen sind es die aerodynamischen Stabilisierungseffekte von Längs- und Richtungsstabilität, die das Flugzeug zur Drehung um die Achse geringsten Trägheitsmomentes zwingen wollen. Wie bei allen dynamischen Zuständen können auch hier Instabilitäten auftreten. Die instabile Flugbewegung führt sehr rasch zu großen Anstell- und Schiebewinkeln. Die Rumpfnase beschreibt dabei etwa eine Spirale. Der instabile Zustand ist kaum zu beherrschen und führt meist zum Verlust des Flugzeuges.
Ob die hier angeführten Probleme bei Überschallverkehrsflugzeugen auftreten, ist, abgesehen von der Druckpunktwanderung, jetzt noch nicht zu sagen. Ihre endgültige Beherrschung wird erst der Flugversuch zeigen.

3.2 Störungen des normalen Flugablaufes

Neben dem Triebwerksausfall können bei Überschallflugzeugen noch einige Störungen auftreten, die für die Unterschallstrahlverkehrsflugzeuge eine geringe Bedeutung haben oder nicht in Erscheinung treten. Der Umgebungsdruck in den Reiseflughöhen der jetzt im Einsatz befindlichen Strahlverkehrsflugzeuge ist zwar niedrig, aber doch so hoch, daß Besatzung und Passagiere einen plötzlichen Abfall des Kabineninnendrucks mit Hilfe von Sauerstoffmasken überleben. Es bleibt dann noch genügend Zeit, eine sichere Reisehöhe aufzusuchen. Bei Flughöhen über 50000 Fuß würden jedoch Druckanzüge notwendig. Daher muß das Kabinendrucksystem so sicher sein, daß ein plötzlicher Druckabfall unmöglich ist. Auch ein langsamer Druckabfall wirkt sich wesentlich ungünstiger aus als bei den heutigen Verkehrsflugzeugen. Bei einer Fortsetzung des Fluges in 12000 Fuß Höhe ist zu prüfen, ob etwa von der Mitte der Flugstrecke aus noch Ziel- bzw. Ausgangsflughafen erreicht werden können. Nach Angaben von Lockheed [26, S. 44] müßte in einem solchen Fall für einen Bereich von 2000 n. m. eines Fluges New York–Frankfurt, bei normalen Kraftstoffreserven, einer der atlantischen Ausweichhäfen Gander, Lages oder Shannon angeflogen werden. Neben dem

Abfall des Kabinendrucks kann auch besonders starke kosmische Strahlung dazu zwingen, während des Reisefluges geringere Flughöhen aufzusuchen[10]. Der Ausfall eines Triebwerkes macht es, wieder nach Angaben von Lockheed, ebenfalls notwendig, Reisegeschwindigkeit und Reisehöhe herabzusetzen. Für einen Flug New York–Frankfurt (3500 n. m.) muß in diesem Fall für einen Bereich von 700 n. m. ein Ausweichflughafen angeflogen werden[11]. Zweifellos dürfte in den hier geschilderten Notfällen ein Überschallverkehrsflugzeug mit veränderlicher Flügelform, wie sie der Boeing-Entwurf vorsieht, allen anderen überlegen sein. Wie sich ein Ausfall der Flugregler auswirkt, kann erst der Flugversuch ergeben. Nach den im vorigen Abschnitt erläuterten, doch recht schwierigen Stabilitätsproblemen der Überschallflugzeuge ist fraglich, ob nach Ausfall der Regler auf der Mitte der Strecke nicht ein Ausweichflughafen angeflogen werden muß.

3.3 Kraftstoffverbrauch

Bei Überschallflugzeugen wird die Hälfte des Abfluggewichtes auf den Kraftstoff entfallen. Die Abb. 16 zeigt ein typisches Kraftstoffprofil nach einer Studie der NASA [21, S. 6f.]. Die Berechnungen basieren auf einem Flugzeug variabler Pfeilung mit vier Zweikreistriebwerken für einen Flug New York–Paris. Der spezifische Kraftstoffverbrauch für den Start, der in Abb. 16 nicht dargestellt ist, liegt bei 90000 kg je Stunde. Während des Unterschallsteigfluges sinkt er auf 36000 kg/Std. und erreicht während der transonischen Beschleunigung und des Überschallsteigfluges sein Maximum mit 113000 kg/Std. Im Reiseflug beträgt der spezifische Kraftstoffverbrauch zwischen 27000 und 36000 kg/Std. und geht beim Sinkflug auf 3600 kg/Std. zurück. Weiter oben war schon erwähnt worden, wie kritisch der außerordentlich hohe Verbrauch während der transonischen Beschleunigung sich auswirken kann.
Nach Abb. 16 entfallen auf Steigflug und Beschleunigung 30% des Kraftstoffs gegenüber 12% der Flugzeit. Für den Überschallreiseflug, der hier 68% der Flugzeit ausmacht, werden 55% des Kraftstoffs benötigt. Für den Sinkflug werden in der NASA-Studie 4% des Kraftstoffs, für Reserven 11% angesetzt. Der Wert für die Reserven erscheint sehr niedrig. Nach den Empfehlungen der FAA [25, S. 18] sollen die Reserven folgendermaßen zusammengesetzt sein:

a) 4% des gesamten Blockkraftstoffes,
b) Ausweichreserven für eine Flugstrecke von 300 statute miles (482 km) mit Reisegeschwindigkeit in Reiseflughöhe,
c) Kraftstoff, der für ein Warteverfahren von 30 min Dauer in 15000 Fuß Höhe benötigt wird.

[10] Vgl. Abschnitt 9.
[11] Vgl. Abschnitt 3.3.

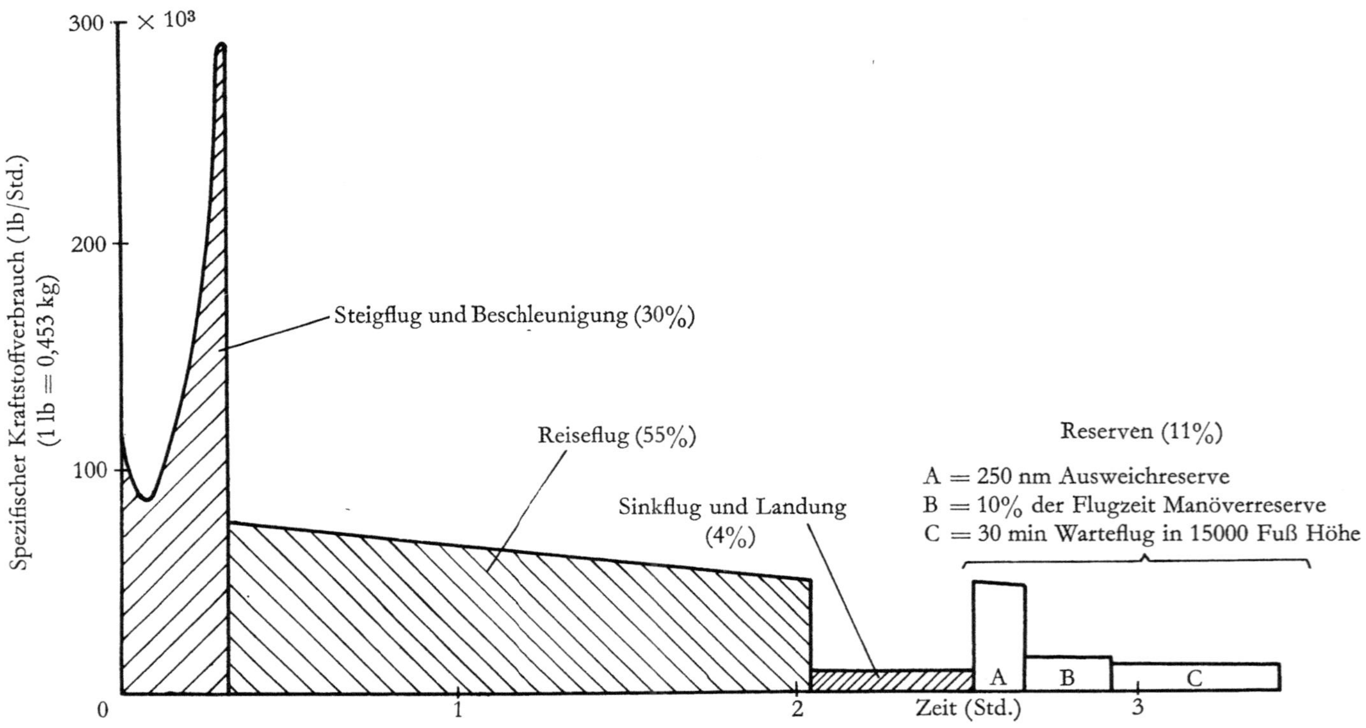

Abb. 16 Kraftstoffverbrauch eines Mach 3-Überschallflugzeuges (nach [21, S. 29])

Das CAB[12] gibt dagegen folgende Empfehlungen:

a) 10% der Flugzeit Manöverreserve,
b) Ausweichreserve für eine Flugstrecke von 300 n. m. (555 km) mit Reisegeschwindigkeit in Reiseflughöhe,
c) 30 min Warteverfahren in 1500 Fuß Höhe.

Nach Angaben von Dr. A. E. Russel, dem technischen Direktor der British Aircraft Corporation, werden für einen Nordatlantikflug der Concorde die Reserven nach den FAA-Empfehlungen 19,0% des Blockkraftstoffes ausmachen. Nach SR 427 ergeben sich 20,1% [31, S. 20f.]. Russel gibt die Wahrscheinlichkeit eines Zwischenfalls, der durch Treibstoffmangel entstehen könnte, bei Reserven nach den FAA-Empfehlungen mit 10^{-5} an, bei Reserven nach SR 427 mit 10^{-6}. Zwei nicht näher genannte Luftverkehrsgesellschaften fordern nach Russel Reserven in Höhe von 25% des Blockkraftstoffes, damit würde sich die Wahrscheinlichkeit eines Zwischenfalls auf 10^{-12} erniedrigen. Diese 25% Reserven setzen sich wie folgt zusammen [23, S. 15]:

a) 5% des Streckenkraftstoffes,
b) 15 min Warteverfahren in 30000 Fuß,
c) Ausweichreserve für 260 n. m.,
d) 30 min Warteverfahren in 6000 Fuß,
e) 1,5% des Blockkraftstoffs.

Lockheed geht bei seinen Berechnungen von der CAB-Empfehlung SR 427 aus und kommt für einen Flug über eine Strecke von 3500 n. m. auf Reserven in Höhe von 16,6% des Gesamtkraftstoffes [21, S. 43]. Sollen für die Landung noch 30% der Reserven zur Verfügung stehen, reichen sie, wie schon oben erwähnt wurde, nach Lockheed nicht aus, um bei einem Triebwerksausfall auf der Mitte der Strecke New York–Frankfurt den Zielflughafen zu erreichen. In einem solchen Falle muß ein Ausweichflughafen angeflogen werden.
Welcher der hier angeführten drei Vorschläge für die Bemessung der Kraftstoffreserven der Flugplanung zugrunde gelegt werden soll, kann, wie bei vielen Problemen des Überschallverkehrs, erst der Flugversuch entscheiden. Sie müssen so bemessen sein, daß sie mit Sicherheit ausreichen. Dabei ist aber zu bedenken, daß eine Erhöhung der Reserven um nur 1% bei einer Gesamtkraftstoffmenge von 100000 kg, schon einen Nutzlastverlust von 1000 kg oder 10 Passagieren bedeutet.
Der Treibstoff selbst und das Treibstoffsystem bilden ein besonderes Problem bei der Entwicklung des Überschallflugzeuges. Infolge der aerodynamischen Aufheizung der Flügelhaut und der möglichen Benutzung des Treibstoffs als Wärmesenke für das Kabinenkühlungssystem, müssen die Treibstoffe für Überschallflugzeuge eine hohe thermische Stabilität haben. Auch bei einer guten Isolierung

[12] Civil Aeronautics Board SR 427 (nach [26, S. 43]).

der Tanks ist damit zu rechnen, daß im Mach 3-Reiseflug die Treibstofftemperatur 150° erreicht [32, S. 29]. Selbst für weiterentwickelte Treibstoffe geringer Flüchtigkeit wird daher in Verbindung mit der großen Flughöhe für Mach 3-Flugzeuge eine Druckhaltung der Tanks notwendig sein. Nach Angaben der Shell Company [33, S. 5] ist in einer Flughöhe von 60000 Fuß bei Mach 3 ein Tankdruck von 0,175 kg/cm^2 erforderlich. Die Druckhaltung muß mit einem neutralen Gas (Stickstoff) erfolgen, um die Möglichkeit einer Selbstentzündung im Gasraum soweit wie möglich auszuschließen. Ebenso sind alle Leckagen auszuschließen, da sie bei den hohen Außenhauttemperaturen im Reiseflug zur Entzündung führen können. Ein Mach 2-Flugzeug wird mit den jetzt üblichen Kerosonen (JP 5) auskommen.

3.4 Wartung von Überschallflugzeugen

Die Überschallflugzeuge werden ein sehr kompliziertes System darstellen. Vergleicht man es etwa mit dem der Caravelle, so wird sich seine Komplexität um einen Faktor größer als zwei vervielfachen. Dieser Faktor kann aber auch den Wert drei oder vier erreichen [28, S. 218]. Andererseits besteht kein Zweifel darüber, daß die Kosten je Flugstunde bei Überschallflugzeugen wesentlich höher liegen als bei den heute im Einsatz befindlichen Strahlverkehrsflugzeugen. Ein wirtschaftlicher Betrieb ist nur möglich, wenn die höhere Fluggeschwindigkeit in ein größeres Angebot an Sitzplatzkilometern je Tag, Monat und Jahr umgesetzt werden kann. Daher müssen die Wartungszeiten so kurz wie möglich sein. Die Möglichkeiten der Wartung werden von einer Vielzahl von Faktoren beeinflußt. Besonders sind zu beachten die Zugänglichkeit der einzelnen Teile, die Möglichkeiten ihrer Instandsetzung, Inspektions- und Prüfverfahren und die Betriebssicherheit [34, S. 2f.]. Dabei kann die Forderung einer guten Betriebssicherheit nicht genug betont werden. Je betriebssicherer ein Flugzeug ist, um so weniger Aufmerksamkeit muß den anderen Aspekten der Wartung zugewendet werden. Allerdings ist eine 100%ige Betriebssicherheit aller Teile eines Flugzeuges ohne Wartung nicht zu erreichen.

Um nun die Wartungszeiten möglichst herabzusetzen, muß das ganze Verfahren weitgehend automatisiert werden [34, S. 2f.]. Dazu gehört zunächst eine Automatisierung der Inspektionen und Tests. Ziel solcher Verfahren muß sein, den Zustand eines Flugzeuges und all seiner Systeme darzustellen und Abweichungen von Sollwerten und die Gründe für etwa auftretende Fehler anzuzeigen. Es hat sich gezeigt, daß elektronische Rechenanlagen die Möglichkeit bieten, schon aus kleinsten, noch kaum erkennbaren Fehlern die zukünftige Entwicklung abzuschätzen und so Gefahren frühzeitig zu entdecken. Es stehen heute bereits sehr kleine und leichte Rechner zur Verfügung, die in das Flugzeug eingebaut werden könnten und so schon während des Fluges eine Kontrolle des gesamten Systems unterstützen könnten. Derartige Geräte können auch die Funktion eines Fluglog-Schreibers übernehmen, um automatisch so viele Daten aufzuschreiben wie für nützlich gehalten wird. Sie haben als bordgebundene Geräte den Vorteil, unter den Umgebungsbedingungen des Fluges zu arbeiten [35, S. 31f.]. In vielen Fällen ist es nicht möglich, diese Arbeitsbedingungen am Boden zu reproduzieren. Daneben müssen für eine Automatisierung der Wartung bodengebundene Simulatoren eingesetzt werden, wie sie im militärischen Bereich schon seit längerer Zeit Anwendung finden. Sie müssen eine klare Information darüber liefern, ob ein System in seinen Teilen oder als Ganzes einwandfrei funktioniert. Das Gerät muß die Möglichkeit falscher Schlußfolgerungen ausschließen, auch für den Fall, daß ein Fehler im Kontrollgerät selbst auftritt. Schon beim Entwurf des Flugzeugs sind die Erfordernisse einer automatischen Wartung zu berücksichtigen. So ist es erforderlich, daß alle Testpunkte an einigen wenigen Stellen zusammengefaßt werden. Dadurch können vor jedem Flug mit Hilfe der Simulatoren selbst umfangreiche Tests in kurzer Zeit durchgeführt werden. Alle Teile, die häufig ausgewechselt werden müssen, sollen gut zugänglich sein und mit geringstem Aufwand, so vor allem Triebwerke, ersetzt werden können. Größere Wartungs- und Überholungsarbeiten auf progressiver Grundlage einzuplanen wird noch wichtiger sein als bisher. Dabei muß ein gesundes Verhältnis zwischen dezentralisierter und zentraler Wartung gefunden werden.

3.5 Lufttüchtigkeit und Zulassung von Überschallflugzeugen

Die bisher gültigen Lufttüchtigkeitserfordernisse für die Zulassung von Unterschallflugzeugen werden in mancher Hinsicht geändert werden müssen, um den Unterschieden in den Flugzeugeigenschaften und Betriebsbedingungen bei Flügen mit Überschallgeschwindigkeit Rechnung zu tragen. Die Erhöhung der Fluggeschwindigkeit hat zur Folge, daß Überschallflugzeuge eine wesentlich größere Reiseflughöhe haben werden als die jetzigen Strahlverkehrsflugzeuge. Die Reibungswärme führt zu Außenhauttemperaturen von 150° C bei Mach 2,0 und 250° C bei Mach 3,0. Die Aerodynamik des Überschallfluges zwingt zu einem Flugzeug geringer Flügelstreckung und zu einem langen schlanken Rumpf. Es soll zunächst untersucht werden, wie sich diese aus der höheren Geschwindigkeit resultierenden Besonderheiten auf die Sicherheit und Lufttüchtigkeit des Überschallflugzeuges auswirken.

Wichtig ist zu wissen, welche höchstzulässige Geschwindigkeit ein Flugzeug haben muß, um mit einer bestimmten Reisegeschwindigkeit fliegen zu können. Geschwindigkeitsänderungen während des Reisefluges können verschiedene Ursachen haben. Der Pilot könnte z. B. Manöver ohne eine Änderung des Schubs durchführen. Ein Fehler des Autopiloten könnte dazu führen, daß plötzlich ein kopflastiges Moment frei wird und sich dadurch die Geschwindigkeit erhöht. Änderungen der Umgebungstemperatur führen zu Änderungen der Machzahl. Atmosphärische Turbulenz hat sowohl horizontale wie vertikale Komponenten, die auch wieder zu Änderungen der Fluggeschwindigkeit führen können. Genauere Untersuchungen über den Einfluß dieser Parameter auf die Erhöhung der

Fluggeschwindigkeit bei Überschallflugzeugen liegen noch nicht vor. Nimmt man für die jeweilige Größe der Störungen einen konstanten Wert an, ergeben sich für den erforderlichen Geschwindigkeitsspielraum Kurven entsprechend Abb. 17 [36, S. 19f.].

Die Größe der Störungen ist hier so angenommen, daß sie etwa einmal in einer Million Flügen auftreten kann. Die Kurven zeigen, daß mit steigender Fluggeschwindigkeit der für Störungen des Autopiloten erforderliche Geschwindigkeitsspielraum kleiner wird, während die durch atmosphärische Störungen bedingten Geschwindigkeitserhöhungen mit steigender Fluggeschwindigkeit größer werden. Man kann daraus schließen, daß für Unterschallflugzeuge der notwendige Geschwindigkeitsspielraum hauptsächlich von den Flugmanövern abhängt, bei den Überschallflugzeugen wird dieser Spielraum durch die atmosphärischen Bedingungen bestimmt, ist also durch betriebliche Vorschriften nicht zu beeinflussen. In diesem Zusammenhang muß noch erwähnt werden, daß Überschallflugzeuge kaum die Möglichkeit haben, bei plötzlich auftretenden Turbulenzen den Böeneinfluß durch eine Herabsetzung der Geschwindigkeit zu verringern. Bei einer Geschwindigkeit von Mach 3 beansprucht eine Verzögerung mit 0,2 g auf Mach 2,0 eine Strecke von 111 km [37, S. 6], eine Distanz, bei der das Böen-

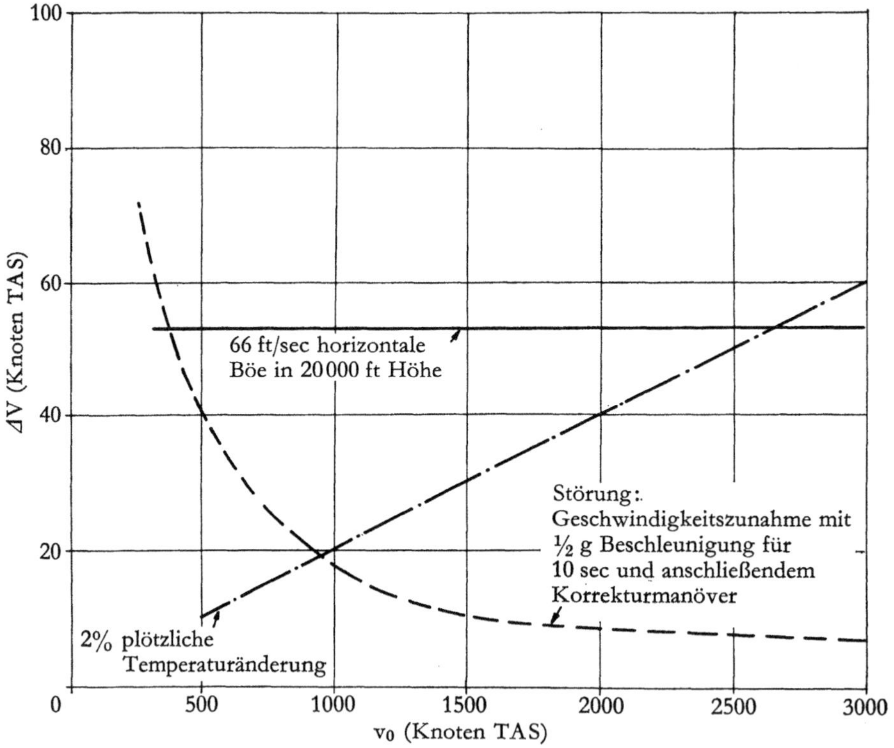

Abb. 17 Erforderlicher Geschwindigkeitsspielraum in Abhängigkeit von der Reisegeschwindigkeit bei Störungen des normalen Flugablaufs (nach [36, S. 20])

feld im allgemeinen längst durchflogen sein wird, d. h., Überschallflugzeuge müssen den Turbulenzbelastungen in der Reiseflughöhe gewachsen sein. Über Häufigkeit und Stärke von Böen in der Reiseflughöhe von Überschallflugzeugen ist bisher wenig bekannt.

Im Abschnitt 3.2 war schon darauf hingewiesen worden, daß ein plötzlicher Verlust des Kabinendruckes bei Überschallflugzeugen in der Reiseflughöhe ausgeschlossen sein muß. An die Festigkeit des Rumpfes werden daher wesentlich größere Anforderungen gestellt als bei den heutigen Strahlverkehrsflugzeugen. Hinzu kommt noch die durch die Reibungswärme bedingte Aufheizung der Außenhaut. Sie stellt überhaupt für die Zulassung eines der schwierigsten Probleme dar. Das heute übliche Verfahren der Festigkeitsuntersuchung der ganzen Zelle in Wassertanks, wobei die während der Lebensdauer des Flugzeuges auftretenden Lastwechsel weitgehend simuliert werden können, ist für Überschallflugzeuge völlig unzureichend. Die Warmfestigkeit einer Struktur hängt nicht nur von der Zahl der Temperaturwechsel ab, sondern sehr stark von der Dauer der Temperatureinwirkung. Es wird daher sehr schwierig sein, das Festigkeitsprüfverfahren für Überschallflugzeuge im Verhältnis zur Lebensdauer stark abzukürzen. Bei den heute üblichen Untersuchungen ist das ohne Schwierigkeit möglich, da die Dauerfestigkeit einer »kalten« Struktur mit guter Näherung nur von der Zahl der Lastwechsel abhängt. Es ist auch leicht möglich, bei Untersuchungen »kalter« Strukturen hohe Sicherheitsspannen vorzugeben, z. B. eine Flugzeugzelle viermal soviel Lastwechseln auszusetzen wie in ihrer normalen Lebensdauer vorkommen. Nimmt man an, daß ein Überschallflugzeug 20000 Stunden seiner normalen Lebensdauer mit Überschallgeschwindigkeit fliegt, würden Warmfestigkeitsuntersuchungen bei einem Sicherheitsfaktor von vier 80000 Stunden also etwa 10 Jahre dauern [38, S. 15]. Diese Prüfzeit kann bis zur voraussichtlichen Einführung der Überschallflugzeuge nicht mehr erreicht werden. Es ist daher sehr sorgfältig zu prüfen, ob die Zulassung nicht nur befristet gegeben werden kann. Nach mehreren tausend Flugstunden wären dann jeweils erneute Untersuchungen der Struktur erforderlich.

Flügel geringer Streckung, wie sie aus aerodynamischen Gründen für Überschallflugzeuge verwendet werden müssen, haben einen sehr geringen Anstieg des Auftriebsbeiwertes mit dem Anstellwinkel. Eine Überziehgeschwindigkeit ist dadurch nicht mehr zu definieren [28, S. 106]. Viele der Zulassungsbestimmungen beziehen sich bisher auf die Überziehgeschwindigkeit. So werden die zulässigen Minimalgeschwindigkeiten, z. B. beim Landeanflug, als Prozentsatz der Überziehgeschwindigkeit ausgedrückt. Für Überschallflugzeuge wird es notwendig sein, zu neuen Festlegungen zu kommen. Vom Hersteller müssen für die verschiedenen Betriebsbedingungen Geschwindigkeitsgrenzen festgelegt werden [36, S. 31]. Das Zulassungsverfahren hat dann zu prüfen, ob innerhalb dieser Grenzen ein sicherer Betrieb gewährleistet ist. Ein Überschallflugzeug variabler Pfeilung hat diese Schwierigkeit nicht. Dafür entstehen andere Probleme, die sich aus dem eventuellen Versagen des Mechanismus der veränderlichen Pfeilung ergeben. Eine unsymmetrische Pfeilung muß mit Sicherheit ausgeschlossen sein. Das Flugzeug muß auch mit stark gepfeilten Flügeln sicher zu Landen sein oder ein Versagen des Mechanismus ist hier ebenfalls auszuschließen. Schwierig wird es sein zu überprüfen, ob das »mit Sicherheit auszuschließen« wirklich erreicht ist.

Auf die besonderen Stabilitätsprobleme, die sich aus der Konfiguration des Überschallflugzeuges ergeben, war schon im Abschnitt 3.1.3 ausführlich eingegangen worden. Im Zusammenhang mit der Zulassung interessiert, wie sich ein Ausfall der Flugregelanlagen auswirkt. Ist das Überschallflugzeug auch noch nach Ausfall aller Regler sicher fliegbar? Wenn das verneint werden muß, wie kann mit Sicherheit geprüft werden, daß die Regler nicht ausfallen. Es wird in viel größerem Maße als bisher notwendig sein, das Flugzeug als ganzes System zu sehen. Ein Teil der Ausrüstung hat lebensnotwendige Bedeutung. Das Kabinenkühlungssystem muß z. B. genauso sicher wie die Zelle sein. Die Triebwerke stellen mit ihrer veränderlichen Einlaufgeometrie und Schubdüse ein viel komplexeres System dar als die jetzigen zivilen Strahlturbinen. Es entsteht die Frage, ob ein Überschallflugzeug den gleichen Grad an Sicherheit erreicht wie die heutigen Strahlverkehrsflugzeuge. Bo LUNDBERG, der Direktor der schwedischen FFA, verneint das [38, S. 39].

Die heute von der FAA geforderten 300 Flugstunden Zuverlässigkeits- und Funktionsprüfungen werden in jedem Falle erheblich erhöht werden müssen, um einen genügend großen Grad an Sicherheit zu gewährleisten. Für die Concorde ist ein Flugprogramm von insgesamt 5000 Flugstunden geplant, bevor sie zur Fluggastbeförderung zugelassen werden soll [39, S. 118]. Es ist zu hoffen, daß die Flugerprobung der B-70 bis zum ersten Einsatz der Überschallverkehrsflugzeuge noch einen großen Teil der bisher ungeklärten Zulassungsbedingungen klären kann.

4. Führungs- und Navigationssysteme für Überschallflugzeuge

4.1 Vertikale Navigation

Die heute geltenden Vertikalstaffelungen von 1000 Fuß in Höhen von 0 bis 29000 Fuß und 2000 Fuß in größeren Höhen ermöglichen keine ausreichende Ausnutzung des oberen Luftraumes. Für den Überschallverkehr wird es notwendig sein, auch in Höhen über 29000 Fuß die Vertikalstaffelung auf 1000 Fuß herabzusetzen [24, S. 181]. Um bei diesen Staffelungen eine ausreichende Sicherheit zu gewährleisten, darf die Genauigkeit des gesamten Systems $\pm$ ¼ der Vertikalstaffelung nicht unterschreiten, also $\pm$ 250 Fuß bei einer Staffelung von 1000 Fuß.

Es entsteht die Frage, ob die z. Z. vorhandenen Höhenmeßsysteme in der Reiseflughöhe der Überschallflugzeuge diese Genauigkeit erreichen. Wie schon weiter oben erwähnt, wird die Reiseflughöhe der Überschallflugzeuge zwischen 60000 und 75000 Fuß (18–22 km) liegen. Neben dem bisher üblichen Verfahren der Druckhöhenmessung bieten sich noch weitere Methoden an, deren Genauigkeit untersucht werden soll.

Vielversprechend erscheint zunächst die Messung der *Größe der Erdbeschleunigung* [40, S. 5f.]. Von Meereshöhe bis 100000 Fuß beträgt die Änderung der Erdbeschleunigung aber nur 9,4 cm/sec^2 oder 0,01 g. Mit bordgebundenen Schwerkraftmessern werden Genauigkeiten von 0,01 cm/sec^2 (10^{-5} g) erreicht, was eine Höhenmessung mit 100 Fuß Genauigkeit ermöglichen würde. Die Schwerkraft ist keine Konstante, sondern ändert sich mit der Breite und der Massenverteilung der Erde. Die breitenabhängige Änderung beträgt vom Pol bis zum Äquator über 5 cm/sec^2. Schwerkraftanomalien durch die ungleichmäßige Massenverteilung auf der Erde können beträchtliche Werte annehmen. So wurden in 12500 Fuß Höhe über einem Gebirgsmassiv in Kalifornien noch Abweichungen von 0,1 cm/sec^2 festgestellt. Wahrscheinlich gleichen sich diese Anomalien mit steigender Flughöhe aus. Selbst wenn es möglich wäre, die breitenabhängige Änderung der Schwerkraft durch einen Rechner auszugleichen, wird die Anwendbarkeit des Verfahrens sehr stark davon abhängen, mit welcher Genauigkeit aus der Eigenbewegung des Flugzeuges herrührende Beschleunigungen erfaßt werden können. Solche Beschleunigungen ergeben sich aus Flugmanövern, Änderungen des Anstellwinkels und damit der Lage des Graviationsmessers, Turbulenzen und insbesondere aus der Geschwindigkeit des Flugzeuges in bezug auf die Erddrehung. Durch die Bewegung des Flugzeuges relativ zur Erddrehung entstehen Zentrifugal- und Coriolisbeschleunigungen, welche ihren maximalen Wert bei einem Flug längs des Äquators in Ostrichtung annehmen. Für einen Mach3-Flug in 70000 Fuß Höhe hat dann die Summe von Zentrifugal- und Coriolisbeschleunigung einen Wert von 25,3 cm/sec². Die erforderliche Korrektur der Gravitationsmessung ist also in diesem Falle über 2½mal so groß wie die Änderung der Gravitationskonstante zwischen Meereshöhe und 100000 Fuß Höhe. Ein Fehler bei der Bestimmung der Grundgeschwindigkeit von nur 0,1% würde einen Höhenfehler von 360 Fuß ergeben. Eine Bestimmung der Grundgeschwindigkeit auf 0,1%, d. h. bei Mach 3 auf 1,7 Knoten, ist im praktischen Betrieb z. Z. nicht möglich. Daher muß das Verfahren ausscheiden.

Überschallflugzeuge werden aller Voraussicht nach mit einem Trägheitsnavigationssystem ausgerüstet sein. Es ist also zu prüfen, ob durch eine zweifache Integration der Vertikalbeschleunigung eine Höhenreferenz gewonnen werden kann [40, S. 9]. Die Genauigkeit einer solchen Höhenangabe hängt von der Genauigkeit der Beschleunigungsmesser, der Stabilität der Kreiselplattform und der Genauigkeit der Integratoren und Rechner ab. Wenn auch für die horizontale Navigation Trägheitssystem z. Z. bereits sehr gute Daten liefern, reicht ihre Genauigkeit für die Höhenbestimmung nicht aus.

Nimmt man nur für den Beschleunigungsmesser einen Fehler von 10^{-4} g an, würde das für die Höhenreferenz in 15 min einen Fehler von 1000 Fuß ergeben. Zur Bestimmung der Vertikalbeschleunigung ist es wegen der Abnahme der Erdbeschleunigung mit der Höhe notwendig, höhenabhängige Korrekturen anzubringen. Hierbei entstehen die oben erläuterten Fehler, die sich bei einer Verwendung der Größe der Erdbeschleunigung als Höhenreferenz ergeben. Damit ist auch aus einer Integration der Vertikalbeschleunigung keine Höhenangabe mit ausreichender Genauigkeit zu gewinnen.

Ebenso wie die bisher geschilderten Verfahren scheiden auch andere Methoden der Höhenmessung wie Kapazitätsmessungen, Messungen des magnetischen Feldes, und Messungen der Intensität der kosmischen Strahlung wegen mangelnder Genauigkeit oder der Beschränkung des Meßbereichs aus. Es verbleiben nur die Druckmessung und elektrische Laufzeitmessungen.

Aneroidhöhenmesser sind bis heute das Standardhöhenmeßgerät in der gesamten Luftfahrt. In den Reiseflughöhen der Überschallflugzeuge werden an ihre Genauigkeit außerordentliche Anforderungen gestellt. In Meereshöhe entspricht einer Höhendifferenz von 1000 Fuß eine Druckdifferenz von 36 mb; in der Reiseflughöhe der heutigen Strahlverkehrsflugzeuge, in 40000 Fuß Höhe, entspricht einer Höhendifferenz von 1000 Fuß eine Druckdifferenz von 8,8 mb; in 70000 Fuß Höhe, der Reiseflughöhe der Überschallflugzeuge, geht die Druckdifferenz für 1000 Fuß Höhenunterschied auf 2,1 mb zurück. Im Prinzip ist jedoch dieses Genauigkeitsproblem bis zu einer Höhe von 80000 Fuß mit Hilfe modernster Präzisionsinstrumente gelöst [40, S. 27f.]. Zwei Gerätetypen können unterschieden werden; ein Aneroidhöhenmesser mit elektromechanischer Abnahme des Meßwertes und Übertragung auf die Anzeige durch ein Servosystem sowie ein rein mechanischer Präzisionshöhenmesser. Nach dem gerätebedingten Instrumentenfehler tritt mit steigender Flughöhe der Staurohrfehler stärker in Erscheinung. Er wird bei den Servohöhenmessern durch einen Rechner, bei den rein mechanischen Höhenmessern durch Einstellung von Hand kompensiert. Dadurch werden in 70000 Fuß Höhe »Über-alles«-Genauigkeiten von ± 200 Fuß (bei elektrischer) und $\pm$ 265 Fuß (bei mechanischer Anzeige) erreicht [40, S. 27]. Bei noch größeren Flughöhen steigen die Instrumentenfehler sehr stark an. In 100000 Fuß Höhe können sie schon die Größenordnung von mehreren 1000 Fuß haben. Das ist leicht erklärlich, da der Druckunterschied für 1000 Fuß Höhenunterschied in einer Flughöhe von 100000 Fuß nur noch ein Viertel des Druckunterschiedes für den entsprechenden Höhenunterschied in 70000 Fuß Flughöhe ausmacht. Will man also auch in Höhen über 70000 Fuß die Vertikalstaffelung von 1000 Fuß beibehalten, müssen Wege gefunden werden, die Instrumentenfehler weiter herabzusetzen. Mit Aneroidhöhenmessern, die über den ganzen Bereich arbeiten, ist die notwendige Verbesserung voraussichtlich nicht mehr zu erreichen.

Eine Möglichkeit ist, zu sogenannten bereichsbegrenzten Höhenmessern überzugehen. Derartige Höhenmesser zeigen die Höhe nur in einem bestimmten Bereich an, z. B. von 50000 bis 100000 Fuß. Auch hier können grundsätzlich zwei Systeme unterschieden werden:

Das bereichsbegrenzte Aneroid und das Statoskop.

Beim bereichsbegrenzten Aneroid sind die zwei Membranen der Druckmeßdose von Meereshöhe bis z. B. 50000 Fuß nicht voneinander getrennt. Erst beim Überschreiten der 50000 Fuß Höhe beginnt sich die Druckmeßdose auszudehnen.

Beim Statoskop steht nicht nur das Gehäuse des Meßgerätes, sondern auch das Innere der Druckmeßdose bis Bereichsuntergrenze mit dem Außendruck in Verbindung. Bei Erreichen der Grenze wird die letztere Verbindung geschlossen, während das Gerätegehäuse weiter mit dem Außendruck verbunden bleibt. Das Instrument mißt jetzt die Differenz zwischen dem in der Bezugshöhe herrschenden Druck und dem Außendruck.

Mit solchen Systemen könnte die Genauigkeit wesentlich gesteigert werden. Während sich für den Höhenbereich von 0 bis 100000 Fuß die Druckänderung wie 100 zu 1 verhält, ist das Verhältnis für den Bereich von 50000 bis 100000 Fuß nur 10 zu 1.

Bereichsbegrenzte Höhenmesser müssen innerhalb ihres Meßbereichs, also in großer Höhe, kalibriert werden, d. h. die Bezugsfläche der Höhenmessung muß bestimmt werden. Es gibt verschiedene Möglichkeiten der Kalibrierung. Die Messung der Bezugsfläche mittels eines Radarhöhenmessers ist zwar sehr genau (in 60000 Fuß ca. $\pm$ 40 Fuß) [40, S. 31], sie liefert jedoch die geometrische Höhe und ist außerdem nur über dem Meer durchführbar.

Erfolgversprechend könnte die Kalibrierung mittels eines normalen Aneroidhöhenmessers sein. Man könnte dazu ein Höhenmessersystem mit zwei Druckmeßsystemen verwenden. Bei einer bestimmten Höhe, z. B. 50000 Fuß, müßte dann von einem Drucksystem auf das andere übergegangen werden. Bei der Verwendung von Servohöhenmessern dürfte dieser Übergang keine zu großen technischen Probleme aufwerfen. Ein solches System würde nicht nur für Höhen über 70000 Fuß Verbesserungen mit sich bringen, sondern für den ganzen Meßbereich des bereichsbegrenzten Höhenmessers die Genauigkeit erhöhen.

Weiter oben war schon erwähnt worden, daß Radarhöhenmesser zwar sehr genau arbeiten, aber stets die geometrische Höhe über Grund anzeigen. Um auch über dem Festland eine Höhe über einem festen Bezugsniveau zu erhalten, müßte die Anzeige des Radarhöhenmessers ständig mit einer Karte verglichen werden. Ein sicheres Einhalten einer bestimmten Höhe wird dadurch sehr erschwert. Dabei ist noch zu bedenken, daß ein mit Mach 3 fliegendes Überschallverkehrsflugzeug in einer Minute über 50 km zurücklegt. Ein Flug über die Alpen würde z. B. nur 5 min dauern. Eine Verwendung des Radarhöhenmessers ist daher auf Flüge über den Ozeanen beschränkt. Sollte es zu seiner Anwendung kommen, sind genaue Untersuchungen über die Verhältnisse in der Übergangszone notwendig, in der von der üblichen Druckhöhenmessung auf die Radarhöhenmessung gegangen wird.

4.2 Horizontale Navigation

4.2.1 Optimale Flugwege für Überschallflugzeuge

Im Zusammenhang mit der horizontalen Navigation entsteht zunächst die Frage, wie die Flugwege der Überschallflugzeuge aussehen werden. Im Abschnitt 3.1 war das allgemeine Flugprofil eines Überschallflugzeuges bereits erläutert worden. Danach wird die Reiseflughöhe für ein Mach 2,2-Flugzeug etwa bei 60000 Fuß liegen, für ein Mach 3,0-Flugzeug etwa bei 70000 Fuß. Das entspricht einer Druckhöhe von 72 mb bzw. 44 mb. In der Luftfahrt wurde immer wieder das Problem des günstigsten Flugweges in Abhängigkeit vom Windfeld untersucht. Es zeigte sich bald, daß der günstigste Flugweg nicht der Großkreis, die kürzeste Verbindung zwischen zwei Punkten auf der Erde, war, sondern je nach den Windverhältnissen mehr oder minder große Abweichungen vom Großkreis kürzere Flugzeiten ergeben. Das führte zu dem allgemein verwendeten Verfahren des Fliegens nach dem Flugweg kürzester Zeit (minimum time track). Das gilt auch für die Unterschallstrahlverkehrsflugzeuge, da trotz der relativ hohen Eigengeschwindigkeit die Windgeschwindigkeiten in der Reiseflughöhe dieser Flugzeuge so hoch sind, daß der »minimum time track« zu wesentlichen Flugzeitverkürzungen führt.
In der Reiseflughöhe der Überschallflugzeuge sind die Windgeschwindigkeiten im allgemeinen kleiner als in der Reiseflughöhe der heutigen Strahlverkehrsflugzeuge. Dennoch kommen auch in diesen Höhen Windgeschwindigkeiten von über 80 Knoten und mehr vor. Stahlverkehrsflugzeuge führen den Reiseflug mit konstanter Machzahl durch. Damit wird die Eigengeschwindigkeit des Flugzeuges eine Funktion der Temperatur. Bei konstanter Machzahl bedeutet eine Abweichung der Temperatur um $\pm$ 10° C von der Standardstratosphärentemperatur (— 55° C) eine Änderung der Eigengeschwindigkeit um 2,3%. Für die heute im Einsatz befindlichen Strahlverkehrsflugzeuge mit Eigengeschwindigkeiten von 500 Knoten ist dieser Einfluß im Vergleich zu den Windgeschwindigkeiten recht gering. Bei einer Eigengeschwindigkeit von 1274 Knoten, wie sie ein Mach 2,2-Flugzeug unter Normalbedingungen hat, bedeutet eine Abweichung der Standard-

temperatur um $+10°C$ eine Erhöhung der Eigengeschwindigkeit um rd. 30 Knoten. Dieser Wert hat die Größenordnung der mittleren Windgeschwindigkeit in der Reiseflughöhe der Überschallflugzeuge. Es muß daher bei der Festlegung der Flugverfahren für Überschallflugzeuge der Temperatureinfluß berücksichtigt werden. Auf seine Auswirkungen auf den Kraftstoffverbrauch wird noch weiter unten eingegangen. Um einen ersten Überblick über die Verhältnisse auf der Nordatlantikstrecke zu erhalten, wurden für einen Mach 2,2-Flug zwischen New York und London v. v. der Einfluß von Temperatur und Wind untersucht. Dazu wurden jeweils für den 1., 10. und 20. der Monate Januar bis Juni 1963 für das 100-mb-Niveau (53000 Fuß oder 16,15 km) die Flugzeiten für folgende Flugwege bestimmt:

1. Flugweg des geringsten Zeitbedarfs (minimum time track) zwischen New York und London v. v. unter Berücksichtigung des Windeinflusses bei einer Standardstratosphärentemperatur von $-55°C$.
2. Flugweg längs des Großkreises[13] New York–London v. v. unter Berücksichtigung des Windeinflusses bei einer Standardstratosphärentemperatur von $-55°C$.
3. Flugweg längs des Großkreises New York–London v. v. unter Berücksichtigung des Windeinflusses und der aktuellen Temperaturen.

Die hier verwendete Methode der Berechnung der Flugwege geringsten Zeitbedarfs wurde im Institut für Flugführung und Luftverkehr an der Technischen Universität Berlin erarbeitet [41]. Sie liefert relative Minima der Flugzeit in einem Bereich um den Großkreis zwischen Start- und Zielflughafen. Bei sehr abnormen Wetterlagen könnten weitere, stark vom Großkreis abweichende Flugwege geringsten Zeitbedarfs existieren, die bei dem gegenwärtig verwendeten Iterationsverfahren nicht erfaßt werden. Man kann diese weiteren Flugwege geringsten Zeitbedarfs jedoch mit erfassen, wenn ein verfeinertes Iterationsverfahren angewendet wird. Aus der Schar der festgestellten relativen Minima kann dann durch Zeitabfrage das absolute Minimum herausgefunden werden. Untersuchungen hierüber werden z. Z. im Institut für Flugführung und Luftverkehr durchgeführt.
Die Wind- und Temperaturwerte wurden zur Berechnung der Flugwege aus den täglichen Wetterkarten des Deutschen Wetterdienstes für das 100-mb-Niveau entnommen. Bei der Bestimmung der Flugzeiten wurde für die ganze Strecke reiner Überschallflug angenommen, d. h. die Erhöhung der Flugzeit durch Steigflug, Beschleunigung auf Überschallgeschwindigkeit und Sinkflug wurde nicht berücksichtigt. Das Ergebnis der Untersuchung zeigt Tab. 6 und Abb. 18. Vergleicht man zunächst die Flugzeiten für den »minimum time track« und den Flug längs Großkreis bei Standardtemperatur, so zeigt sich, daß der Zeitgewinn beim Flug

[13] Bei dieser Untersuchung wurde der Großkreis durch die Kartengerade zwischen New York und London in einer Karte stereographischer Projektion angenähert.

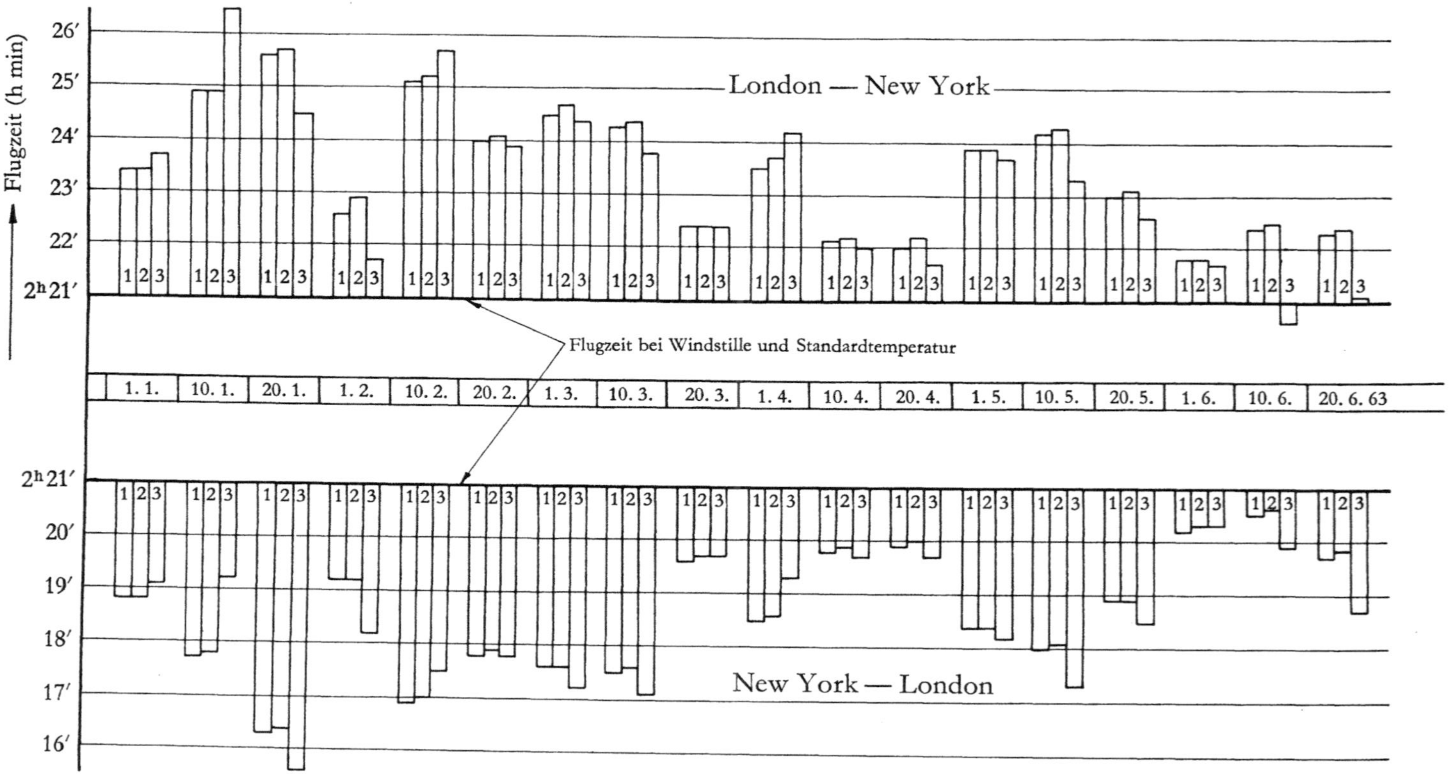

1 Flugweg kürzester Zeit (minimum time track) bei Standardtemperatur
2 Flugweg längs Großkreis bei Standardtemperatur
3 Flugweg längs Großkreis bei den aktuellen Temperaturen

Abb. 18 Flugzeiten für einen reinen Überschallflug zwischen New York und London v. v. für verschiedene Flugbedingungen im 100-mb-Niveau mit Mach 2,2 *mit* Mach 2,2

Datum	Flugbed. 1 N.Y.–LON Flugzeit h:min	 LON–N.Y. Flugzeit h:min	Flugbed. 2 N.Y.–LON Flugzeit h:min	 LON–N.Y. Flugzeit h:min	Flugbed. 3 N.Y.–LON Flugzeit h:min	 LON–N.Y. Flugzeit h:min
1	2	3	4	5	6	7
1. 1. 1963	2:18,8	2:23,4	2:18,8	2:23,4	2:19,1	2:23,7
10. 1. 1963	2:17,7	2:24,9	2:17,8	2:24,9	2:19,2	2:26,5
20. 1. 1963	2:16,3	2:25,6	2:16,4	2:25,7	2:15,6	2:24,5
1. 2. 1963	2:19,2	2:22,6	2:19,2	2:22,9	2:18,2	2:21,7
10. 2. 1963	2:16,9	2:25,1	2:17,0	2:25,2	2:17,5	2:25,7
20. 2. 1963	2:17,8	2:24,0	2:17,9	2:24,1	2:17,8	2:23,9
1. 3. 1963	2:17,6	2:24,5	2:17,6	2:24,7	2:17,2	2:24,4
10. 3. 1963	2:17,5	2:24,3	2:17,6	2:24,4	2:17,1	2:23,8
20. 3. 1963	2:19,6	2:22,4	2:19,7	2:22,4	2:19,7	2:22,4
1. 4. 1963	2:18,5	2:23,5	2:18,6	2:23,7	2:19,3	2:24,2
10. 4. 1963	2:19,8	2:22,2	2:19,9	2:22,2	2:19,7	2:22,1
20. 4. 1963	2:19,9	2:22,0	2:20,0	2:22,2	2:19,7	2:21,7
1. 5. 1963	2:18,4	2:23.9	2:18,4	2:23,9	2:18,2	2:23,7
10. 5. 1963	2:18,0	2:24,2	2:18,1	2:24,3	2:17,3	2:23,3
20. 5. 1963	2:18,9	2:23,0	2:18,9	2:23,1	2:18,5	2:22,6
1. 6. 1963	2:20,2	2:21,8	2:20,3	2:21,8	2:20,3	2:21,7
10. 6. 1963	2:20,5	2:21,4	2:20,6	2:21,5	2:19,9	2:20,6
20. 6. 1963	2:19,7	2:22,3	2:19,8	2:22,4	2:18,7	2:21,1

Flugbed. 1: Flugweg kürzester Zeit (minimum time track) bei Standardtemperatur
Flugbed. 2: Flugweg längs Großkreis bei Standardtemperatur
Flugbed. 3: Flugweg längs Großkreis bei den aktuellen Temperaturen

nach »minimum time track« außerordentlich gering ist. Als maximaler Gewinn ergeben sich am 1. 2. 1963 nur 0,3 min, das sind 0,2% der Flugzeit. Ebenso sind die Ablagen vom Großkreis bei einem Flug nach dem »minimum time track« sehr gering. Sie haben ihr Maximum am 20. 4. 1963 mit 30 n. m.; ein Wert, der schon sehr große Anforderungen an die Genauigkeit der Navigation stellt, um überhaupt noch erflogen werden zu können.

Betrachtet man als nächstes die Zeitunterschiede zwischen Hin- und Rückflug bei Standardtemperatur, so zeigt sich zunächst, daß der Flug London–New York stets länger dauert als der Flug New York–London. Es herrschen also, wie in der Reiseflughöhe der jetzigen Strahlverkehrsflugzeuge, im 100-mb-Niveau noch westliche Winde vor, die im Sommer schwächer werden. Für die hier untersuchten Tage hatten die Winde ihr Maximum am 20. 1. 1963 mit Windgeschwindigkeiten von über 80 Knoten auf dem westlichen Teil der Strecke. Der Zeitunterschied zwischen Hin- und Rückflug beträgt für diesen Tag 9,3 min. Gegenüber der »Standardflugzeit« (Flugzeit bei Windstille und Standardtemperatur) erhöht bzw. verringert sich damit für diesen Tag die Flugzeit um 3,3%. Im Mittel beträgt für die untersuchten Tage diese Abweichung $\pm$ 1,7%. Vergleichsweise hat diese Abweichung für die heutigen Strahlverkehrsflugzeuge, nach einer Untersuchung der Deutschen Lufthansa ihrer Transatlantikflüge für den Zeitraum April 1959 bis Januar 1960 zwischen Frankfurt und New York v. v., einen Wert von $\pm$ 8,2% [42, S. 26].

In Abb. 18 ist für die einzelnen Tage auch die Flugzeit für den Flug längs Großkreis unter Berücksichtigung des Windeinflusses und der aktuellen Temperaturen dargestellt. Weiter oben war schon erwähnt worden, daß sich für einen Flug bei konstanter Machzahl die Eigengeschwindigkeit bei zu hohen Temperaturen erhöht, bei zu niedrigen Temperaturen ebenfalls erniedrigt. Aus der Abbildung ist zu entnehmen, daß dieser Einfluß recht gering ist. Nur für den 10. 6. und 20. 6. 1963 hat er die Größenordnung des Windeinflusses. An diesen beiden Tagen liegt über dem Atlantik ein Warmluftfeld. Die aktuellen Temperaturen sind bis zu 7° C wärmer als die Standardtemperaturen. Beachtenswert ist, daß schon so geringe Abweichungen von der Standardtemperatur Flugzeitänderungen von 1,8 min oder 1,3% der »Standardflugzeit« zur Folge haben.

Als Ergänzung zu den Untersuchungen eines Mach 2,2-Fluges im 100-mb-Niveau wurden die Flugzeiten eines Mach 3-Fluges für die gleiche Strecke im 50-mb-Niveau bestimmt. Hierbei wurde zunächst auf eine Bestimmung des »minimum time track« verzichtet und nur die Flugzeiten längs Großkreis in Abhängigkeit vom Windfeld bei Standardtemperatur und in Abhängigkeit vom Windfeld bei den aktuellen Temperaturen errechnet. Die Untersuchung wurde jeweils für den 1., 10. und 20. der Monate Januar bis Juni 1964 durchgeführt. Die Wind- und Temperaturwerte wurden aus den täglichen Wetterkarten des Instituts für Geophysik und Meteorologie der Freien Universität Berlin des 50-mb-Niveaus entnommen. Das Ergebnis zeigt Tab. 7 und Abb. 19.

Betrachtet man auch hier zunächst den Windeinfluß bei Standardtemperatur, so zeigt sich, daß er wieder relativ gering ist. Am stärksten ist er am 1. 1. und 20. 2. 1964. Für den 1. 1. beträgt die Abweichung von der »Standardflugzeit« für den

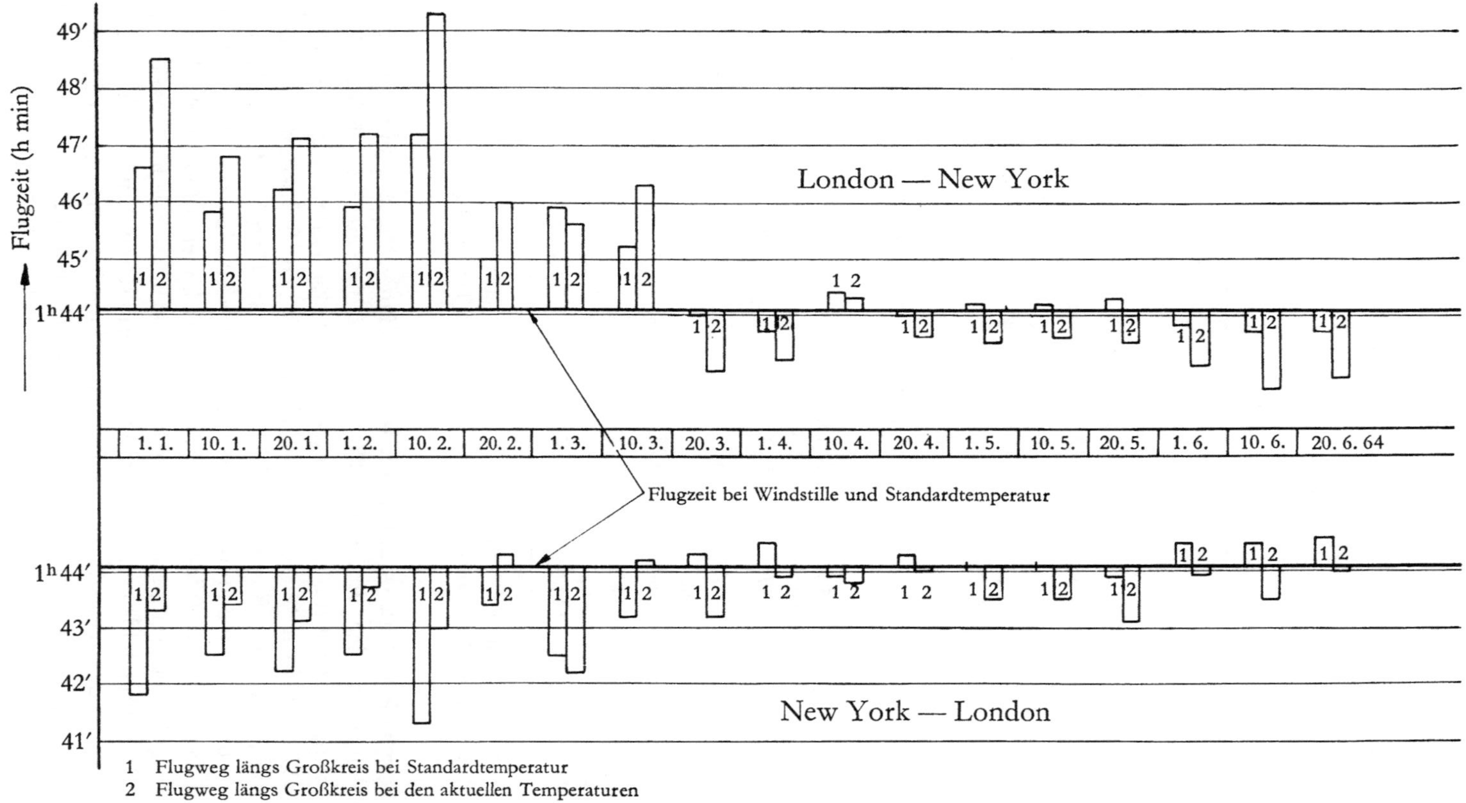

Abb. 19 Flugzeiten für einen reinen Überschallflug zwischen New York und London v. v. für verschiedene Flugbedingungen im 50-mb-Niveau mit Mach 3,0

Tab. 7 Flugzeiten für einen reinen Überschallflug zwischen New York und London v. v. für verschiedene Flugbedingungen im 50-mb-*Niveau mit* Mach 3,0

Datum	Flugbed. 1 N.Y.–LON Flugzeit h:min	Flugbed. 1 LON–N.Y. Flugzeit h:min	Flugbed. 2 N.Y.–LON Flugzeit h:min	Flugbed. 2 LON–N.Y. Flugzeit h:min
1	2	3	4	5
1. 1. 1964	1:41,8	1:46,6	1:43,3	1:48,5
10. 1. 1964	1:42,5	1:45,8	1:43,4	1:46,8
20. 1. 1964	1:42,2	1:46,2	1:43,1	1:47,1
1. 2. 1964	1:42,5	1:45,9	1:43,7	1:47,2
10. 2. 1964	1:41,3	1:47,2	1:43,0	1:49,3
20. 2. 1964	1:43,4	1:45,0	1:44,3	1:46,0
1. 3. 1964	1:42,5	1:45,9	1:42,2	1:45,6
10. 3. 1964	1:43,2	1:45,2	1:44,2	1:46,3
20. 3. 1964	1:44,3	1:44,0	1:43,2	1:43,0
1. 4. 1964	1:44,5	1:43,7	1:43,9	1:43,2
10. 4. 1964	1:43,9	1:44,4	1:43,8	1:44,3
20. 4. 1964	1:44,3	1:43,9	1:44,0	1:43,6
1. 5. 1964	1:44,1	1:44,2	1:43,5	1:43,5
10. 5. 1964	1:44,1	1:44,2	1:43,4	1:43,4
20. 5. 1964	1:43,9	1:44,3	1:43,1	1:43,5
1. 6. 1964	1:44,5	1:43,8	1:43,9	1:43,1
10. 6. 1964	1:44,5	1:43,7	1:43,5	1:42,7
20. 6. 1964	1:44,6	1:43,7	1:43,9	1:42,9

Flugbed. 1: Flugweg längs Großkreis bei Standardtemperatur
Flugbed. 2: Flugweg längs Großkreis bei den aktuellen Temperaturen

Flug London–New York + 2,9%, für den Rückflug — 2,2%. Für den 10. 2. sind die entsprechenden Werte + 3,0% bzw. — 2,7%. Für diese beiden Tage wurde auch die Flugzeit für den »minimum time track« bestimmt. Er brachte für den 1. 1. 1964 nur einen Zeitgewinn von 0,1 min, für den 10. 2. konnte kein Zeitvorteil ermittelt werden. Wie schon bei dem Mach2,2-Flug im 100-mb-Niveau, erreicht auch der Temperatureinfluß bei dem Mach3,0-Flug im 50-mb-Niveau höchstens die Größe des Windeinflusses. Wegen der höheren Flugmachzahl und wegen der größeren Temperaturunterschiede macht er sich jedoch stärker bemerkbar. Beim Windfeld zeigt sich im 50-mb-Niveau schon deutlich die Umkehr der stratosphärischen Westströmung im Winter in eine Ostströmung im Sommer. Ebenso wird auch der Temperaturunterschied zwischen Winter (zu kalter Stratosphäre) und Sommer (zu warmer Stratosphäre) deutlicher. Für den Flug von

London nach New York wird daher der Windeinfluß durch den Temperatureinfluß im allgemeinen verstärkt. Im Winter wird durch die Gegenwinde die Flugzeit verlängert. Die Stratosphäre ist zu kalt, dadurch wird die Eigengeschwindigkeit herabgesetzt, was zu einer weiteren Verlängerung der Flugzeit führt. Im Sommer wird für den Flug von London nach New York durch die Oströmung die Flugzeit verkürzt, die zu warme Stratosphäre erhöht die Eigengeschwindigkeit, dadurch entsteht ein weiterer Zeitgewinn. Für die Gegenrichtung wird der Windeinfluß durch den Temperatureinfluß weitgehend kompensiert. Nach Abb. 19 ist die Flugzeit für den Flug New York–London bei Berücksichtigung von Temperatur und Wind im Sommer fast konstant.

Faßt man das Ergebnis noch einmal zusammen, so zeigt sich, daß an den untersuchten Tagen für den Mach 2,2-Flug im 100-mb-Niveau und den Mach 3,0-Flug im 50-mb-Niveau der Einfluß des Windfeldes auf die Flugzeit sehr gering ist. Ein Flug nach einem »minimum time track« brachte für den Mach 2,2-Flug einen maximalen Zeitgewinn von 0,3 min. Für den Mach 3,0-Flug ergab der »minimum time track« für die beiden Tage mit dem größten Unterschied zwischen Hin- und Rückflugzeit einen Zeitgewinn von 0,1 min bzw. keinen Zeitunterschied. Der Einfluß des Temperaturfeldes auf die Flugzeit hat höchstens die gleiche Größe wie der des Windfeldes. Es ist daher unwahrscheinlich, daß durch einen »minimum time track« in Abhängigkeit vom Temperaturfeld eine spürbare Verkürzung der Flugzeit erreicht werden kann.

Leider stehen für frühere Jahre kaum geeignete Wetterkarten zur Verfügung, um die Untersuchung auf einen längeren Zeitraum auszudehnen. Daher ist es schwierig, schon jetzt endgültige Schlüsse aus den obigen Ergebnissen zu ziehen. Es scheint aber dennoch sehr wahrscheinlich, daß der optimale Flugweg für den Reiseflug der Überschallflugzeuge auf der Atlantikstrecke der Großkreis ist. Für die Strecke New York–San Francisco v. v. liegt eine sehr ausführliche Studie der Federal Aviation Agency vor [5]. In ihr sind für einen Zeitraum von fünf Jahren die Wind- und Temperaturwerte für das 100-, 80-, 50-, 30- und 10-mb-Niveau (etwa 53000, 58000, 68000, 78000 und 102000 Fuß) angegeben. Die Windwerte haben danach für die betrachteten Höhen ihr Maximum im 100-mb-Niveau, gehen im 80- und 50-mb-Niveau zurück und werden für das 30- und 10-mb-Niveau wieder stärker. Im 50-mb-Niveau herrschen im Winter westliche Winde vor, im Sommer östliche. Für einen Flug mit Mach 2,6 von New York nach San Francisco im 50-mb-Niveau beträgt im Mittel der Geschwindigkeitsverlust bzw. Geschwindigkeitsgewinn durch den Windeinfluß im Winter (Dezember bis Februar) — 0,6%, im Frühling (März bis Mai) $\pm$ 0%, im Sommer (Juni bis August) $+$ 1% und im Herbst (September bis November) $\pm$ 0% [5, S. IX u. 230]. Für den Winter, die Zeit mit den stärksten Windfeldern, ist angegeben, daß sich für den Flug New York–San Francisco nur an 2% der Tage des untersuchten Fünfjahreszeitraums ein Geschwindigkeitsverlust von 4% ergibt. Damit ist also auch, wie für die Atlantikstrecke, der Windeinfluß für die wichtigste inneramerikanische Strecke recht gering. Auch hier dürfte ein »minimum time track« bei Flügen mit mehr als zweifacher Schallgeschwindigkeit keine nennenswerten Flugzeiteinsparungen ergeben.

Die Abweichungen von der Standardstratosphärentemperatur sind ebenfalls nicht hoch. Für das 50-mb-Niveau sind Mitteltemperaturen für die gesamte Strecke angegeben [5, S. IX u. 230]. Danach beträgt die mittlere Abweichung von der Standardtemperatur für den Winter — 3° C, für den Frühling — 0° C, für den Sommer + 2° C und für den Herbst — 2° C. Für den Sommer wird für 0,2% der Tage eine Abweichung von + 5° C, für den Winter für 0,4% der Tage eine Abweichung von — 10° C angegeben. Während der fünf untersuchten Jahre wurde die höchste Temperatur im 50-mb-Niveau mit — 45,8° C am 6. März 1960 über New York, die tiefste mit — 70,3° C am 26. Januar 1961 über Pittsburgh beobachtet. Damit dürfte auch für einen Flug New York–San Francisco v. v. der optimale Flugweg für Überschallflugzeuge, bei Berücksichtigung des Wind- und Temperatureinflusses auf die Flugzeit, der Großkreis sein.
Über den Flugweg des günstigsten Treibstoffverbrauchs sind z. Z. keine genaueren Aussagen möglich. Grundsätzlich nimmt der Kraftstoffverbrauch von Strahltriebwerken bei gleicher Leistung mit steigender Temperatur zu. Die Größe dieser Zunahme ist von Triebwerksmuster zu Triebwerksmuster verschieden. Für die künftigen Überschallverkehrsflugzeuge sind die Triebwerke erst in der Entwicklung und militärische Muster. Daher stehen die notwendigen Unterlagen für eine Bestimmung der Änderung des spezifischen Verbrauchs mit der Temperatur nicht zur Verfügung. Es war schon weiter oben ausführlich erläutert worden, daß diese Änderung insbesondere für die Beschleunigungsphase eine sehr große Bedeutung hat[14]. Hierzu sind weitere Untersuchungen notwendig. Für die Verhältnisse beim Reiseflug ist wenigstens eine überschlägige Betrachtung möglich. Nach einer Untersuchung der NASA beträgt die Erhöhung des spezifischen Kraftstoffverbrauchs (Verbrauch je Stunde) für einen Reiseflug mit Mach 3 bei einer Abweichung von + 18° F (10° C) von der Standardstratosphärentemperatur 3,8% [43, S. 18]. Die Reisegeschwindigkeit wird aber bei einem Mach 3-Flug und 10° C zu warmer Stratosphäre um 2,4% größer. Daher macht die auf die Streckenlänge bezogene Erhöhung des Verbrauchs nur noch 1,4% aus. Selbst eine um 20° C zu warme Stratosphäre würde erst eine Erhöhung des Verbrauchs um 2,4% bedeuten. Für die Nordatlantikstrecke sind derartig hohe Abweichungen nur selten zu erwarten. Anders sind die Verhältnisse bei der Polarroute, die auch für den Überschallverkehr Bedeutung hat. Im Sommer können hier im 50-mb-Niveau schon recht erhebliche Abweichungen von der Standardtemperatur auftreten. So ist z. B. für den 10. Juli 1964 über Nordgrönland ein Wert von nur — 38° C angegeben. Temperaturen um — 40° C sind im Sommer in Polarnähe im 50-mb-Niveau häufig [6].
Weiter oben hatte sich bei der Untersuchung des Einflusses der Windfelder ergeben, daß selbst Flugzeitverluste von mehr als 3% durch einen Flug nach dem »minimum time track« nicht wesentlich herabzusetzen sind. Es ist daher unwahrscheinlich, daß für den Reiseflug die bei zu warmer Stratosphäre auftretenden Treibstoffverluste durch ein Flugverfahren »des Weges des günstigsten Treibstoffverbrauchs« zu umgehen sind.

[14] Vgl. Abschnitt 3.1.2.

Damit ist voraussichtlich sowohl von der Reisezeit als auch vom Treibstoffverbrauch her, der optimale Flugweg eines Überschallflugzeuges der Großkreis, d. h. die kürzeste Verbindung zwischen zwei Punkten auf der Erde.

4.2.2 Systeme der horizontalen Navigation

Nach den Ergebnissen des vorigen Abschnittes werden die Reiseflugwege der Überschallflugzeuge Großkreise sein. Das führt zu einer starken Konzentration der Verkehrsströme besonders auf der Nordatlantikstrecke. In der Reiseflughöhe der jetzigen Strahlverkehrsflugzeuge wird der Verkehr nach den USA von dem Verkehr aus den USA durch die Windverhältnisse weitgehend getrennt. Mit der Einführung der Überschallflugzeuge wird diese Trennung entfallen. Gegenüber dem Jahre 1963 ist auf der Nordatlantikstrecke bis zum Jahre 1970 mit einer Verdopplung des Luftverkehrsaufkommens zu rechnen [44, S. III-2]. Auf den Überschallflug mit Mach 3 entfallen für Flüge zwischen Europa und Nordamerika zwischen 75 min (London–New York) und 100 min (Rom–New York). Auf dem Großkreis könnten sich daher bei einer Längsstaffelung von 10 min nur 8–10 Flugzeuge gleichzeitig in einer Flugfläche befinden. Es wird daher notwendig sein, nicht nur eine Höhen- und Längsstaffelung, sondern auch eine Seitenstaffelung einzuführen. Dabei ist noch zu berücksichtigen, daß die Großkreise zwischen den wichtigsten Flughäfen West- und Mitteleuropas und New York sehr dicht zusammen liegen.

Die Abb. 20 zeigt ein System von sechs parallelen Luftstraßen für die Strecke New York–London. Die einzelnen Kurse haben einen Abstand von 50 n. m. Der Unterschied in der Streckenlänge zwischen dem längsten und kürzesten Kurs des Systems beträgt 50 n. m. Das entspricht einer Flugzeitdifferenz von 2 min. Werden die Flüge von New York nach London über die südlichsten, etwas längeren Kurse geführt, gleicht sich dieser Zeitverlust im Winter durch die vorherrschenden Westwinde im 50-mb-Niveau aus. Ein weiterer Ausgleich entsteht bei der großen Geschwindigkeit der Überschallflugzeuge durch die Corioliskraft. Bei Flügen in Ostrichtung wird dadurch in den hier interessierenden Breiten der Kraftstoffverbrauch um 4% herabgesetzt [24, S. 198].

Geht man bei der Untersuchung des Navigationssystems von einer Luftstraßenbreite von 50 n. m. und einer Längsstaffelung von 10 min aus, ergibt sich als zulässige Standardabweichung (1 σ Toleranz) von diesen Werten $\pm$ 7,14 n. m. bzw. $\pm$ 1,4 min.

Die Abb. 21 zeigt einen Flugabschnitt eines Mach 3-Fluges von einer Stunde durch einen Korridor von 50 n. m. Breite. Weiter sind die Toleranz von $\pm$ 7,14 n. m. eingetragen und die nach dem heutigen Stand erreichte Genauigkeit verschiedener Navigationssysteme. Aus der Abbildung geht sehr deutlich hervor, daß eines der schwierigsten Probleme der Navigation von Überschallflugzeugen die Kursreferenz ist. Im allgemeinen werden heute Kursführungsgenauigkeiten von $\pm$ 1° für ausreichend erachtet. Die Abb. 21 zeigt, daß für einen Mach 3-Flug bei einem

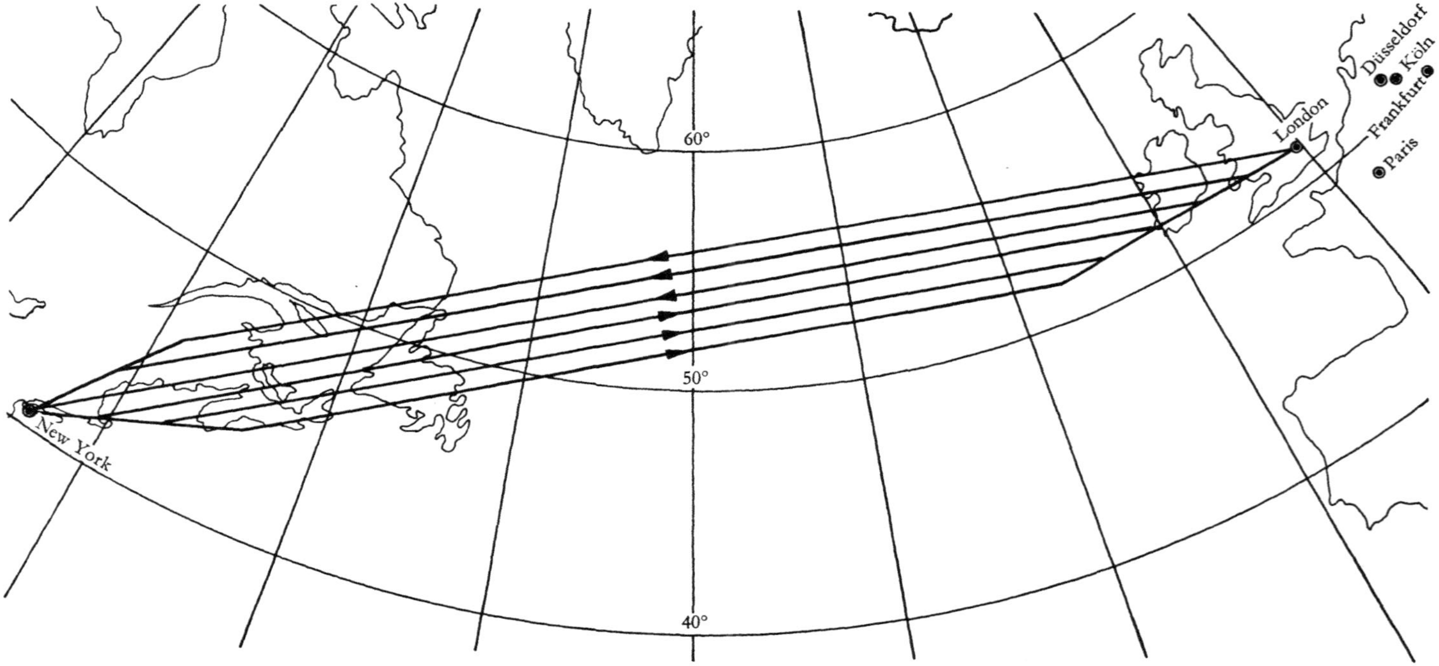

Abb. 20 Vorschlag eines Luftstraßensystems für die Strecke New York–London v. v. (nach [24, S. 197])

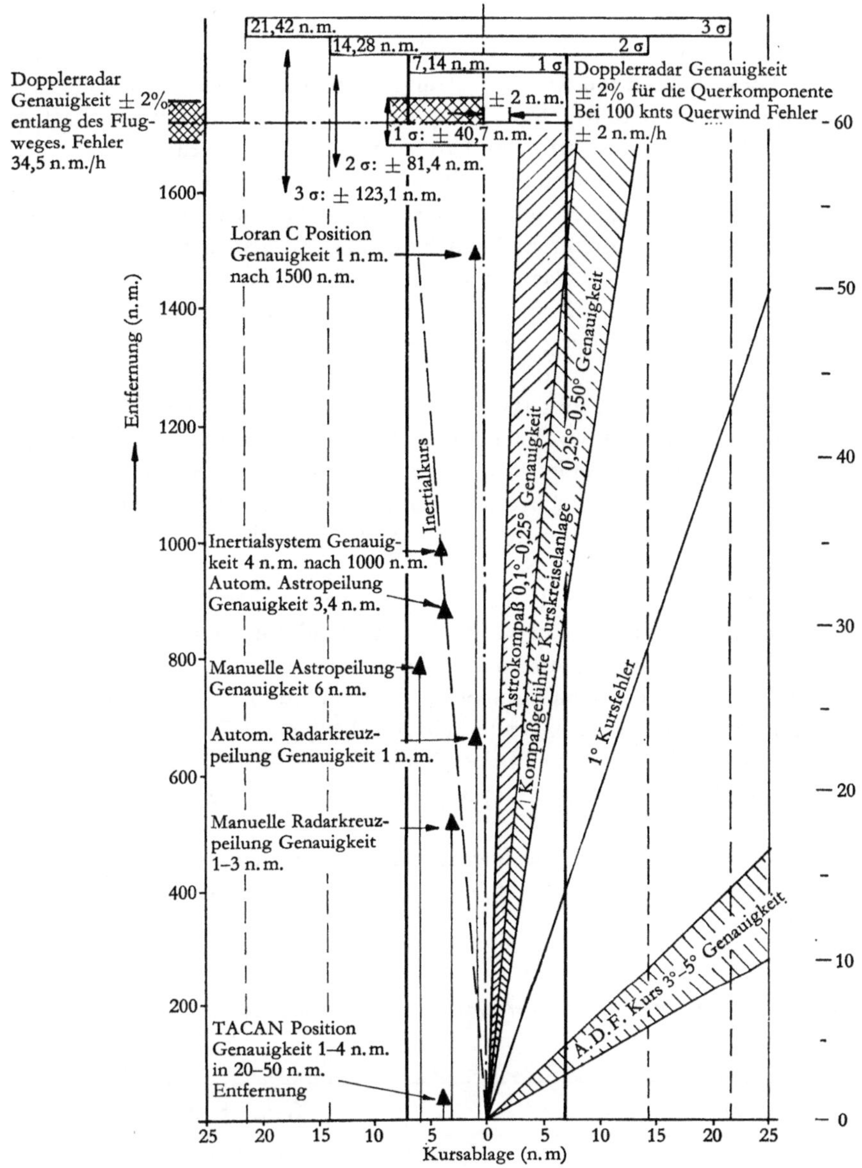

Abb. 21 Flugabschnitt eines Mach 3-Fluges von einer Stunde und Genauigkeit verschiedener Navigationssysteme (nach [24, S. 200])

Kursfehler von 1° der Flugkorridor nach 50 min verlassen wird. Die Toleranz von 7,14 n. m. wird schon nach 15 min überschritten. Die Kursführungsgenauigkeit der besten kompaßgeführten Kurskreiselanlagen erreicht etwa Genauigkeiten von 0,25° bis 0,5°. Hier müßte bei einem Mach 3-Flug nach 30 min eine Überprüfung der Position des Flugzeuges erfolgen. Um bei einem Flug von einer Stunde noch innerhalb der Standardabweichung zu bleiben, ist eine Kursführungsgenauigkeit von 0,1° bis 0,25° notwendig. Nach dem derzeitigen Stand wird diese Genauigkeit nur von automatischen astronomischen Navigationssystemen (astrotracker) erfüllt [24, S. 201], [45, S. 50]. Dazu ist aber erforderlich, daß die Kursabweichung nicht durch eine fehlerhafte Bestimmung der Querwindkomponente vergrößert wird. Die Standardabweichung eines Dopplerradars liegt heute für die Querkomponente zwischen 2,1% und 1,0% [46, S. 177], [47, S. 45], [48, S. 89]. Selbst ein unbekannter Querwind von 100 Knoten würde damit nur einen Fehler von 2,1 n. m. nach einer Stunde Flugzeit ergeben. In der Reiseflughöhe der Überschallflugzeuge sind aber Windfelder von 100 Knoten schon außerordentlich selten anzutreffen. Damit wäre mit einem Astropeiler, in Verbindung mit einem Dopplerradar, die erforderliche Kursführungsgenauigkeit zu erreichen, falls beide Systeme einwandfrei arbeiten.

Die Einhaltung der Minima in Kursrichtung ist weniger kritisch. Der Standardabweichung von 1,4 min, für einen zeitlichen Abstand von 10 min, entspricht bei einem Mach 3,0-Flug eine Entfernung von 40 n. m. Um nach einem Flug von einer Stunde diesen Wert nicht zu überschreiten, müßte die Grundgeschwindigkeit des Flugzeuges mit einer Genauigkeit von 2,3% gemessen werden. Sowohl Fahrtmesser als auch Machmeter haben heute Genauigkeiten von 1%. Ebenso würde ein Dopplerradar mit einer Genauigkeit von 2% innerhalb der 1 σ Toleranz bleiben.

Während des Fluges sind genaue Standortbestimmungen notwendig. Die linke Hälfte der Abb. 21 und die Tabelle 8 zeigen die Genauigkeit der verschiedenen Verfahren.

Tab. 8 Genauigkeit verschiedener Verfahren der Standortbestimmung
(nach [24, S. 203])

Verfahren	Genauigkeit
1	2
Inertialsysteme	nach 1000 n. m. Flug mit Mach 3,0 4 n. m.
Automatische Radarkreuzpeilungen	0,25 bis 1,0 n. m.
Loran C (bis zu 1500 n. m. von der Station)	0,5 bis 1,0 n. m.
Gezeichnete Radarkreuzpeilungen	1,0 bis 3,0 n. m.
Automatische Astropeilungen	3,0 bis 4,0 n. m.
Loran A (bis zu 800 n. m. von der Station)	1,0 bis 5,0 n. m.
Gezeichnete Astropeilungen	5,0 bis 6,0 n. m.

Alle angeführten Verfahren bleiben innerhalb des 1 σ Korridors. Ihre Anwendbarkeit ist allerdings teilweise auf einen bestimmten Entfernungsbereich beschränkt. Für Überschallflugzeuge sind Inertialsysteme besonders günstig, da ihre Fehler von der zurückgelegten Flugzeit und nicht von der zurückgelegten Flugstrecke abhängen.

Die Rho-Theta-Verfahren wie TACAN und VORTAC sind nur für einen kleinen Entfernungsbereich anwendbar, weil die Messung des Azimuts nur eine Genauigkeit von $\pm$ 2,5° erreicht [24, S. 203]. Bei einer Entfernung von 100 n.m. des Flugzeuges von der Station bedeutet das bereits einen Fehler von 4,4 n.m.

Nach diesem Überblick über die Genauigkeit der verschiedenen Navigationsverfahren kann ein Navigationssystem für ein Überschallflugzeug entwickelt werden. Bei der großen Geschwindigkeit der Überschallflugzeuge muß es weitgehend automatisch arbeiten, aber dennoch die Möglichkeit bieten, auch bei Ausfall der automatisch arbeitenden Kreise noch einwandfrei zu navigieren. Diese Forderung erfüllt weitgehend ein Vorschlag von Major Polhemus [24, S. 203f.]. Die Abb. 22 zeigt ein stark vereinfachtes Blockdiagramm dieses Systems. Zur Ermittlung der Position des Flugzeuges dient zunächst ein Koppelrechner. Er erhält die notwendigen Angaben von Kurs und Geschwindigkeit über Grund primär durch ein Inertialsystem. Parallel dazu werden Kurs und Geschwindigkeit über Grund durch ein Dopplerradar in Verbindung mit einer kompaßgeführten Kurskreiselanlage und aus der wahren Eigengeschwindigkeit des Flugzeuges, dem Kurs und den Windwerten aus der Wettervorhersage bestimmt. Diese drei Einheiten können gleichzeitig oder auch einzeln benutzt werden. Inertialsystem und Dopplerradar arbeiten normalerweise bei der Ermittlung der Geschwindigkeit zusammen. Das Inertialsystem folgt sehr genau kurzzeitigen Änderungen des Flugweges, hat aber die Tendenz, über eine längere Zeit ungenau zu werden. Umgekehrt ist die Grundgeschwindigkeitsanzeige des Dopplerradar über einen längeren Zeitraum sehr genau, wird aber bei Flugmanövern kurzzeitig fehlerhaft [49, S. 133]. Beide Systeme ergänzen sich daher. Der Ausgang des Koppelrechners führt drei Systeme zur automatischen Positionsverbesserung:

Einen automatischen Astropeiler (Astrotracker),
ein automatisches Loran C und
ein automatisches Suchradar.

Das automatische Suchradar wurde von Major Polhemus in Anlehnung an das Navigationssystem der B 58 eingeführt. Es arbeitet ähnlich wie der Astrotracker. Die Positionen von festen Landmarken oder Zielen auf See, z. B. Wetterschiffen, sind programmiert. Das Suchradar mißt automatisch Peilung und Entfernung zu den Zielen und bestimmt daraus die Position des Flugzeuges. Ein solches Gerät könnte auch als Kartenradar dienen und so die Navigation über Land erleichtern. Bei einem Ausfall der automatischen Anlagen können der Sextant des Astrotrackers und die Loran C-Anlage zur manuellen Positionsbestimmung benutzt werden. Als Ergänzung zu diesen drei Systemen ist eine Tacananlage oder eines

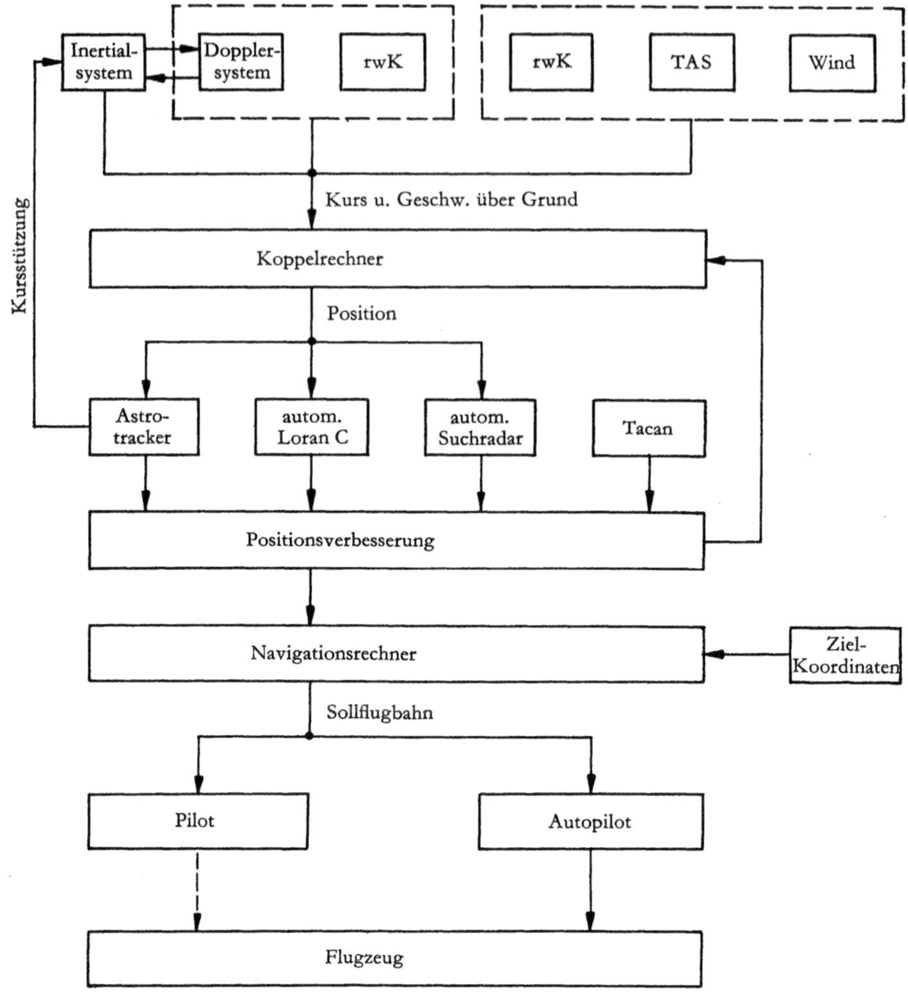

Abb. 22 Blockdiagramm eines Navigationssystems für Überschallflugzeuge

der anderen Rho-Theta-Verfahren vorgesehen. Weiter oben war schon erwähnt worden, daß die Kursreferenz des Astrotrackers besonders genau ist. Sie dient daher als Stützung des Inertialsystems. Die verbesserte Position wird in den Koppelrechner rückgeführt. Aus den Koordinaten des Flugzieles und der verbesserten Position bestimmt ein Navigationsrechner die Sollflugbahn des Flugzeuges. Sie wird dem Autopiloten zugeführt und dem Piloten angezeigt. Der Pilot erhält dabei Informationen über den Kurs zum Ziel, die Entfernung und die erforderliche Flugzeit.

Das hier vorgeschlagene Gesamtsystem arbeitet auch bei Ausfall der automatischen Anlagen noch einwandfrei. Aus wahrer Eigengeschwindigkeit, Kurs und Windvorhersage kann der Koppelort des Flugzeuges ermittelt werden. Eine Verbesserung ist durch manuelle Astropeilungen möglich. Der Pilot kann aus seiner Position und den Koordinaten seines Flugzieles den Flugweg bestimmen und danach den Autopiloten einstellen. Das Gesamtsystem erfüllt damit sowohl die Forderung nach großer Genauigkeit als auch für Notfälle die Forderung nach großer Einfachheit. Verschiedene andere Navigationssysteme sehen als Grundelement der Koppelnavigation ebenfalls ein Inertial-Dopplersystem vor [50, S. 84], [51, S. 107]; andere versuchen nur mit der Doppleranlage auszukommen [52, S. 134]. Letztlich wird das eine Kostenfrage sein. Der Preis eines Inertialsystems liegt zwischen 60000 und 80000 Dollar [53, S. 51]. Bei einem Preis des Flugzeuges von 25 Mill. bis 30 Mill. Dollar ist dieser Betrag verhältnismäßig gering. Es müßte daher möglich sein, mit dem hier geschilderten Navigationssystem oder einem ähnlichen die Überschallverkehrsflugzeuge auszurüsten.

5. Betriebsausrüstung von Überschallflugzeugen

Die Betriebsausrüstung der Überschallflugzeuge bei dem heutigen Stand der Entwicklung in allen Einzelheiten zu beschreiben, ist noch nicht möglich. Sie wird in vielen Punkten der Ausrüstung der jetzigen Strahlverkehrsflugzeuge entsprechen. Es soll hier nur auf einige Besonderheiten eingegangen werden, die sich aus der großen Geschwindigkeit und den besonderen Bedingungen in der Reiseflughöhe der Überschallflugzeuge ergeben.

5.1 Systeme der Flug- und Triebwerksüberwachung

Der gesamte Flugablauf eines Überschallfluges ist vom Start bis zur Landung an ein festes Programm gebunden. Abweichungen von diesem Programm sind nur in einem geringen Maße zulässig, da sonst die Sicherheit und Wirtschaftlichkeit des Fluges gefährdet sind. Der Besatzung bleibt für ihre Entscheidungen nur eine geringe Zeitspanne. Es wird daher notwendig sein, sie bei ihren Kontroll- und Führungsaufgaben durch einen Rechner zu unterstützen. Es werden heute schon sehr leistungsfähige Digitalrechner gebaut, die z. B. nur ein Gewicht von 18 kg und ein Volumen von 21 dm^3 haben [54, S. 280]. Ein solcher Rechner hat zunächst die Aufgabe eines Überwachers. Die Sollflugbahn wird mit allen erforderlichen Daten vorprogrammiert, entweder am Boden oder bei unvorhergesehenen Zwischenfällen während des Fluges. Der Rechner vergleicht die von den verschiedenen Sensoren aufgenommenen Meßwerte mit dem Sollzustand und steuert danach die Anzeigen für den Piloten. Die Meßwerte müssen durch den Rechner noch korrigiert werden, da in Abhängigkeit von der Höhe, Flugmachzahl und dem Anstellwinkel z. B. die mit dem pitotstatischen System gemessenen Druckwerte fehlerhaft sind. Neben der Überwachungsfunktion hat der Rechner Regelaufgaben. Entsprechend der Sollflugbahn und den sich aus der Überwachung ergebenden Abweichungen steuert der Rechner die Eingangssignale für den Autopiloten. Die Überwachung und Regelung muß sich dabei auf das ganze Flugprofil vom Steigflug bis zur Landung erstrecken. Der Start wurde hier bewußt aus der Regelfunktion des Rechners herausgenommen, da es fraglich erscheint, ob hier automatische Verfahren möglich sind oder dem Piloten zugemutet werden können. Die Überwachungsfunktion ist auch für den Start vorzusehen. Der Rechner steuert dann ein besonderes Anzeigegerät. Das ganze System muß so beschaffen sein, daß der Pilot jederzeit die Möglichkeit hat, die Steuerung des Flugzeuges unabhängig vom Autopiloten selbst zu übernehmen. Die Abb. 23 zeigt die Kontroll- und Anzeigetafel eines solchen integrierten Überwachungs- und Führungssystems. In der linken Hälfte der Tafel sind Einstellmöglichkeiten

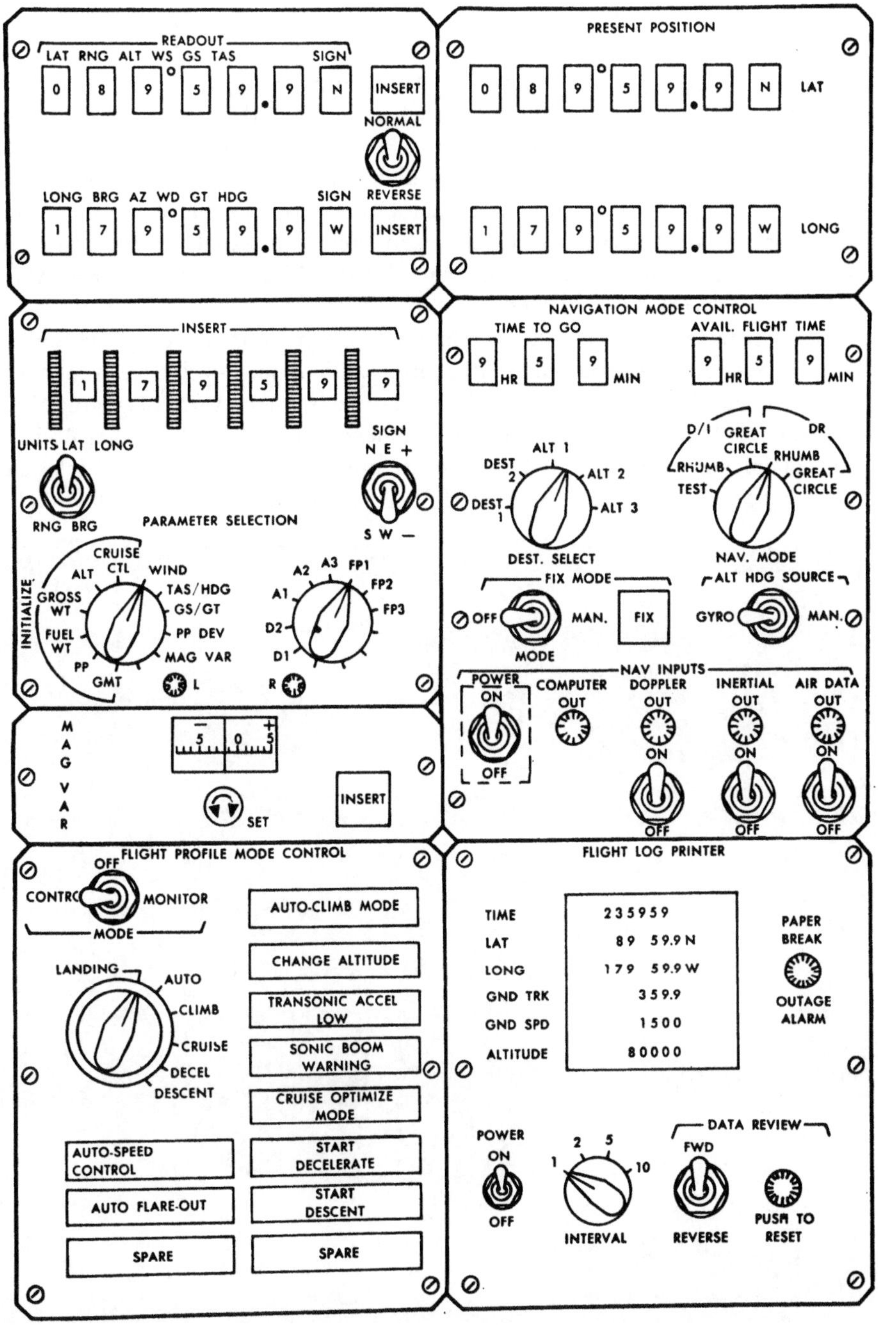

Abb. 23 Kontroll- und Anzeigetafel eines integrierten Überwachungs- und Führungssystems für Überschallflugzeuge (nach [54, S. 279])

(INSERT) für die verschiedenen Parameter vor Beginn des Fluges und während des Fluges sowie die einzelnen Abschnitte des Flugprofils (FLIGHT PROFILE MODE CONTROL) vorgesehen. Auf der rechten Seite der Tafel werden die Position des Flugzeuges nach geographischer Länge und Breite, die Flugzeit bis zum Zielflughafen und die noch verfügbare Flugzeit ständig in digitaler Anzeige dargestellt. Ein Fluglogschreiber druckt außer der Position des Flugzeuges die Uhrzeit, Kurs und Geschwindigkeit über Grund und die Flughöhe aus. Diese Daten können auf Anfrage über einen besonderen Funkkanal automatisch an die Bodenstellen übermittelt werden. Damit wird der Pilot von einem großen Teil des Funksprechverkehrs entlastet.

Für den Überschallflug hat eine übersichtliche Darstellung der Fluglage und des Flugzustandes eine ganz besondere Bedeutung. Die Abb. 24 zeigt die Anordnung der Instrumente für den Flugkommandanten nach einem Vorschlag von North American. Es fällt sofort auf, daß hier zu einem großen Teil die bisher üblichen Rundskaleninstrumente durch Langfeldinstrumente ersetzt wurden. Links sind drei derartige Anzeigegeräte zu einer Einheit zusammengefaßt: Anstellwinkelan-

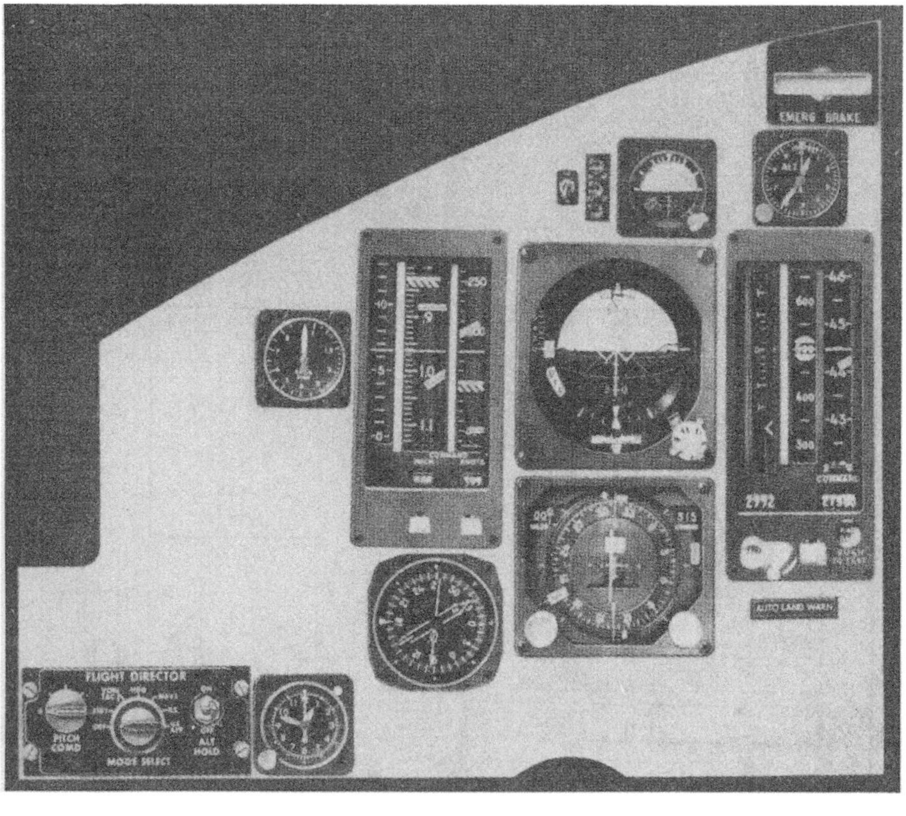

Abb. 24 Anordnung der Instrumente für den Flugzeugkommandanten in einem Überschallflugzeug (nach [55, S. 180])

zeiger, Machmeter und Fahrtmesser. In der Mitte befinden sich die Anzeigegeräte für das integrierte Flugsystem, rechts folgen Variometer, barometrischer Höhenmesser und Funkhöhenmesser. Das Variometer hat für Steig- und Sinkgeschwindigkeiten bis zu 2000 Fuß pro Minute eine feste Skala. In diesem Bereich erfolgt die Anzeige durch einen beweglichen Zeiger. Bei größeren Steig- und Sinkgeschwindigkeiten bleibt der Zeiger vor einem Fenster im oberen bzw. unteren Teil des Gerätes stehen. Die Ablesung erfolgt dann gegen eine bewegliche Skala. Die anderen Langfeldinstrumente haben bewegliche Skalen. Der Istwert wird gegen eine feste Marke abgelesen. Für das Machmeter, den Fahrtmesser und den barometrischen Höhenmesser ist eine Sollwertanzeige vorgesehen. Die Sollwertanzeige wird durch den Rechner gesteuert oder kann durch den Piloten direkt an den Instrumenten eingestellt werden. Die Sollwerte werden durch Zeiger auf den beweglichen Skalen dargestellt. Bei Übereinstimmung von Sollwert und Istwert decken sich die Sollwertanzeigen mit der Ablesemarke und bilden für alle Instrumente eine waagerechte Referenzlinie. Die Erzeugung dieser Referenzlinie ist dadurch möglich, daß sowohl Skalen wie Zeiger der Instrumente beweglich sind. Abweichungen von der Sollflugbahn fallen dem Piloten sofort durch eine Unterbrechung dieser Referenzlinie auf. Die Sollwertanzeiger wirken dabei als Kommandogeber. Beträgt z. B. die Sollflughöhe 70000 Fuß, die Istflughöhe jedoch nur 68000 Fuß, steht der Sollwertanzeiger über der Ablesemarke für die Istflughöhe. Das Flugzeug muß also steigen, um die Sollflugbahn zu erreichen.

Das zwischen den beiden Gruppen von Langfeldinstrumenten befindliche Fluglageanzeigegerät vereint die Funktionen eines Kreiselhorizonts mit denen eines Kreuzzeigerflugführungsgerätes. Der Kreiselhorizont besteht aus einer Horizontkugel, die Querlage und Längsneigung des Flugzeuges darstellt. Die Grenzlinie zwischen der oberen und unteren schwarzen Kugelhälfte stellt dabei den Horizont dar. Das Kreuzzeigergerät erhält seine Signale über den Rechner. Sind keine besonderen Flugführungssignale aufgeschaltet, liefert das Instrument Kommondosignale zur Stabilisierung der Fluglage. Neigt sich das Flugzeug z. B. nach unten, schlägt der Längsneigungsbalken nach oben aus. Hat das Flugzeug z. B. eine Querlage nach rechts, schlägt der Querlagebalken nach links aus. Werden dem Gerät über einen Funktionswähler Flugführungssignale wie Gleitweg-, Geschwindigkeits-, Höhenkontroll- und Längsneigungstrimmsignale für den Längsneigungsbalken oder Steuerkurs- und Landekurssignale für den Querlagebalken aufgeschaltet, wirken die Kreuzzeiger wieder als Kommandogeber. Um das Flugzeug auf den richtigen Flugweg zu führen, muß so gesteuert werden, daß sich die beiden Balken im Zentrum schneiden. Dem Anzeigebalken werden damit die gleichen Informationen wie einem Flugregler zugeführt. Das unterhalb des Fluglagegerätes befindliche Kursanzeigegerät zeigt den Steuerkurs an, ermöglicht die Vorwahl eines Kurses oder einer Funkstandlinie und bringt die Abweichungen von dem vorgewählten Kurs oder die Ablagen von der vorgewählten Funkstandlinie zur Anzeige. Weiter ermöglicht es die Ablesung der Richtung zu einem Funkfeuer oder der Richtung und Entfernung zu einer Rho-Theta-Station wie Tacan oder Vortac. Die primäre Kursreferenz für das Kursanzeige- und Fluglagegerät kommt vom Inertialsystem.

Für die navigatorischen Aufgaben des Piloten ist es erforderlich, ihm eine möglichst klare Information über seine gegenwärtige Position zu geben. Am anschaulichsten ist eine Kartendarstellung [28, S. 273], [51, S. 109]. Die gegenwärtige Position des Flugzeuges wird dabei durch ein Flugzeugsymbol auf der Karte dargestellt. Bei einem bordfesten Bezugssystem zeigt der Bahnvektor des Flugweges über Grund immer nach oben. Das Flugzeugsymbol ist fest, die Karte bewegt sich nach Richtung und Geschwindigkeit entsprechend der Grundgeschwindigkeit. Die Steuerung dieser Bewegung wird bei einem Überschallflugzeug durch das Inertialsystem über den Rechner erfolgen. Es ist wünschenswert, diese Kartendarstellung durch eine Vorhersageanzeige über die künftige Position des Flugzeuges zu ergänzen. Dazu könnten um das Flugsymbol Kurven gleicher Flugzeit, entsprechend der aktuellen Fluggeschwindigkeit, eingeblendet werden. Der Pilot hat dadurch eine sehr anschauliche Information darüber, welche Punkte er unter Beibehaltung seiner derzeitigen Geschwindigkeit in einer bestimmten Zeit erreichen kann. Die Berechnung dieser Punkte aus der Geschwindigkeit des Flugzeuges, den Windwerten und dem jeweils zulässigen Wenderadius kann durch den Rechner erfolgen.

Für die Triebwerksüberwachung ist zunächst zu prüfen, ob für den Piloten eine Anzeige einzelner Triebwerksdaten erforderlich ist [28, S. 277]. Zur Besatzung der Überschallflugzeuge wird voraussichtlich ein Bordingenieur gehören. Eine seiner wichtigsten Aufgaben ist die ständige Überwachung der Triebwerke. Für den Piloten ist dann eine Anzeige über die einwandfreie Funktion der Triebwerke ausreichend. Sie kann in Form eines Flugzeugsymbols mit den vier Triebwerken erfolgen. Bei einwandfreier Funktion leuchten diese Triebwerke z. B. grün auf. Bei einer Störung leuchtet das betreffende Triebwerk z. B. rot auf. Der Pilot wird dadurch von unnötigen Anzeigen entlastet.

Sollen auch für den Piloten die heute üblichen Anzeigegeräte für den Turbinengas-Austrittsdruck, die Drehzahl und die Abgastemperaturen beibehalten werden, ist es zweckmäßig, auch hier Langfeldinstrumente zu verwenden [56]. Die weiter oben erwähnte Referenzlinie der Anzeigen von Fluglage und Flugzustand kann dadurch weiter fortgesetzt werden. Wird für jeden Parameter und jedes Triebwerk je ein Anzeigegerät vorgesehen, werden mit ggf. je zwei Drehzahlmessern für den Hoch- und Niederdruckteil insgesamt 16 Instrumente notwendig sein. Aus Raumgründen wird es kaum möglich sein, diese Zahl von Langfeldinstrumenten nebeneinander unterzubringen. Sieht man für jeden Parameter nur ein Langfeldinstrument vor, bieten sich zwei Wege an. Eine Möglichkeit ist, dem Piloten nur die Werte eines Referenztriebwerkes ständig zur Anzeige zu bringen. Weicht eines der anderen Triebwerke in seinen Daten von den Daten des Referenztriebwerkes um einen bestimmten Prozentsatz ab, leuchten Warnlampen auf und der Pilot hat die Möglichkeit, die Anzeigegeräte auf dieses Triebwerk zu schalten. Bei diesem Verfahren kann wieder der Istwert durch eine bewegliche Skala gegenüber einer festen Marke dargestellt werden und der Sollwert durch einen beweglichen Zeiger auf der Skala abgelesen werden. Die Stellung des Sollwertanzeigers ist dann wieder ein Kommandosignal.

Die andere Möglichkeit ist, mit der beweglichen Skala den Sollwert gegenüber einer festen Marke darzustellen und die Istwerte durch vier bewegliche Zeiger für jedes Triebwerk an der Skala, etwa in der Art von Thermometersäulen, anzuzeigen. Bei beiden Verfahren ergibt sich auch hier bei Übereinstimmung von Sollwert und Istwert eine ununterbrochene horizontale Referenzlinie, die es dem Piloten sehr erleichtert, Abweichungen sofort zu erkennen. Die Sollwertanzeigen würden, wie bei den Anzeigen für Fluglage und Flugzustand, für alle Abschnitte des Flugprofils von dem zentralen Rechner gesteuert werden.

Für den Bordingenieur ist in jedem Falle eine ständige Anzeige der Daten aller Triebwerke erforderlich. Hier sind auch Anzeigegeräte für die Überwachung von Öldruck und Öltemperatur, Kraftstoffdruck und Kraftstofftemperatur sowie Kraftstoffverbrauch und Kraftstoffvorrat vorzusehen.

5.2 Kabinendruck und Kabinentemperatur

Die Reisegeschwindigkeit und Reiseflughöhe der Überschallflugzeuge bringt einige besondere Probleme der Kabinendruckhaltung und Temperaturhaltung mit sich. Bei einer Reisegeschwindigkeit von Mach 3 beträgt die Oberflächentemperatur der Außenhaut etwa 250° C. Ein plötzlicher Druckabfall in der Reiseflughöhe muß mit Sicherheit ausgeschlossen werden, da er von den Insassen, auch mit Sauerstoffmasken, nicht erlebt werden würde. Das Kabinendruck- und Kühlungssystem muß daher genauso sicher wie die Struktur der Zelle sein. Der Kabinendruck der Überschallflugzeuge wird, wie bei den heutigen Strahlverkehrsflugzeugen, einer Druckhöhe von 6000 Fuß (1800 m) entsprechen [16, S. 70].

Die notwendige Frischluft wird für die Concorde und die Entwürfe von Lockheed und Boeing von den Triebwerksverdichtungen abgenommen werden [16, S. 70], [57, S. 6], [58, S. 38]. North American will für seinen Entwurf die Frischluft in Form von flüssiger Luft an Bord mitführen [59, S. 38].

Bei der Aufbereitung der von außen zugeführten Frischluft muß die Ozonkonzentration in der Reiseflughöhe der Überschallflugzeuge beachtet werden. Sie hat in der Atmosphäre zwischen 70000 und 100000 Fuß Höhe ihr Maximum und würde bei den Flugzeuginsassen toxische Wirkungen hervorrufen [60, S. 16]. Der größte Teil des Ozons wird durch die Erwärmung der Luft beim Aufstau vor dem Diffusor und im Kompressor zerstört. Daneben wird es notwendig sein, katalytische Filter vorzusehen.

Die Kabine der Überschallflugzeuge muß zur Abschirmung der Reibungswärme gut isoliert sein. Die Entwürfe sehen Doppelwände vor, zwischen denen Kühlluft zirkuliert. Als Wärmesenke zur Kühlung der Frischluft soll bei allen Entwürfen der Treibstoff benutzt werden. Am einfachsten wäre die Verwendung von vorgekühltem Treibstoff. Dieses Verfahren wird aber von den Flughafengesellschaften abgelehnt, weil zusätzliche Kühlanlagen auf den Flughäfen benötigt würden [16, S. 72]. Andere Wege sind, die Luft in einem reinen Luftkreislauf mit dem Treibstoff als Wärmesenke zu kühlen oder mit einer Kältemaschine durch ein

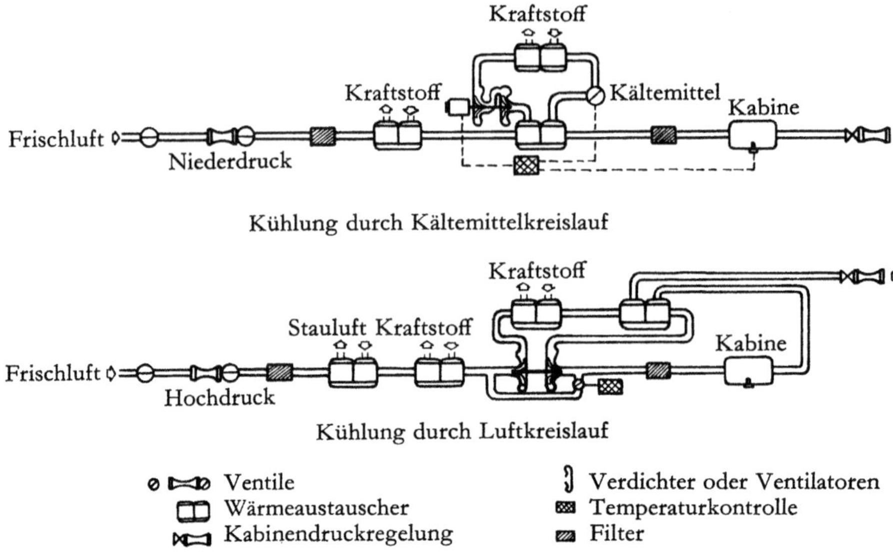

Abb. 25 Luftkühlungssystem für Überschallflugzeuge (nach [16, S. 71])

Kühlmittel. Für das Kühlmittel ist die Wärmesenke wieder der Treibstoff. Die Concorde und der Boeingentwurf sehen einen reinen Luftkreislauf vor, Lockheed will eine Kältemaschine verwenden [16, S. 72], [57, S. 6]. Die Abb. 25 zeigt eine schematische Darstellung der beiden Verfahren.

Für den reinen Luftkreislauf wird Hochdruckluft benötigt, um die Umwälzanlage anzutreiben. Da sie durch die Kompression sehr heiß ist (über 580° C), kann sie durch Stauluft vorgekühlt werden. Die Abluft aus der Kabine kann wieder zur Vorkühlung der Frischluft oder zur Kühlung von außerhalb der Kabine befindlichen Flugzeugteilen verwendet werden.

Die Kraftstoffwärmeaustauscher müssen so konstruiert sein, daß eine Vermischung von Kabinenluft und Kraftstoff bei Leckagen nicht möglich ist.

6. Technische Flugsicherung

6.1 Navigationshilfen

Bei einer Untersuchung der erforderlichen Navigationshilfen für Überschallflugzeuge muß grundsätzlich zwischen dem Reiseflug mit Überschallgeschwindigkeit und den Flugphasen mit Unterschallgeschwindigkeit unterschieden werden. Im Abschnitt 4.2.2 war das Navigationssystem für den Überschallreiseflug bereits ausführlich erläutert worden. Danach werden Überschallflugzeuge für den Reiseflug ein bodenunabhängiges Navigationssystem benötigen. Es wird ein Inertial-Doppler-System sein, gestützt durch Astronavigationsverfahren. Zur Positionsverbesserung können bei Überwasserflügen Loran-C und bei Überlandflügen eines der Rho-Theta-Verfahren herangezogen werden. Über die Anwendbarkeit des Loran-C wurde von De Groot eine ausführliche Studie veröffentlicht [61, S. 213f.]. Danach wird der Nordatlantik im Juni 1965 vollkommen mit einem Loran-C-Netz überdeckt sein. Für einen Flug längs des Großkreises zwischen New York und London sind vier Senderkombinationen einzuschalten. Meßflüge ergaben einen maximalen Positionsfehler von 1,5 n. m. mit einer Wahrscheinlichkeit von 98,9%. Im Abschnitt 4.2.2 war schon erwähnt worden, daß die Anwendbarkeit der Rho-Theta-Verfahren zur Positionsbestimmung im Überschallreiseflug auf einen kleinen Entfernungsbereich um die Station beschränkt ist. Bei einer Genauigkeit der Azimutmessung auf $\pm$ 2,5° ergab sich in 100 n. m. Entfernung von der Station ein Positionsfehler von 4,4 n. m. Nützt man die Reichweite einer Rho-Theta-Station, die in 20 km Flughöhe etwa 200 n. m. beträgt, voll aus, ergibt sich bereits ein Fehler von 8,8 n. m. Dieser Fehler wird noch weiter vergrößert, da vom Flugzeug zur Station nicht die Entfernung über Grund, sondern die Schrägentfernung gemessen wird. Bei voller Ausnutzung der Reichweite bis zu 20 km Höhe müßten zwei Stationen, die auf dem gleichen Kanal arbeiten, 500 n. m. voneinander entfernt sein, um Interferenzen auszuschließen [62, S. 62f.]. Das führt zu Schwierigkeiten bei der Frequenzzuteilung. Abhilfe ist nur durch ein System von »Supervortac's« möglich, die speziell für den Empfang in großen Flughöhen ausgelegt sein müßten [48, S. 86]. Neben der mangelnden Genauigkeit der Verfahren ist ihre geringe Reichweite für die Belange des Überschallfluges ein besonderer Nachteil. Bei einer Fluggeschwindigkeit von Mach 3 werden in einer Minute fast 30 n. m. zurückgelegt. Der Bereich einer Vortac-Station wird in 12 min überflogen. Damit ist sehr häufig ein Wechsel der Empfangsfrequenz erforderlich, der für die Flugzeugbesatzung eine zusätzliche Belastung bedeutet.

Wenn auch Navigationssatelliten erst im Anfangsstadium der Entwicklung stehen, ist es bis zur Einführung des Überschallverkehrs doch denkbar, daß ein derartiges Navigationssystem vorhanden ist. Für Überschallflugzeuge wäre damit eine weitere Möglichkeit der Positionsverbesserung gegeben.

Für die Flugphasen mit Unterschallgeschwindigkeit können die heute allgemein vorhandenen Navigationshilfen verwendet werden. Ein wirtschaftlicher Einsatz der Überschallflugzeuge ist nur möglich, wenn alle Verzögerungen des Flugplans weitgehend entfallen. Voraussetzung ist dafür u. a. ein Blindlandeverfahren, das Landungen bei »Nullsicht« erlaubt. Auf die Anforderungen an die Luftverkehrsüberwachung, die sich aus der notwendigen Freigabe eines Überschallfluges vom Start bis zur Landung ergeben, wird im Abschnitt 6.3 eingegangen werden.

6.2 Flugfunkdienst

Das heute noch in der Luftfahrt verwendete System der Nachrichtenübertragung durch Funksprechdienst ist für den Überschallverkehr unzureichend. POLHEMUS [63, S. 331] gibt in einem Bericht über den Transatlantikflug einer B-58 von New York nach Paris am 26. Mai 1961 an, daß von den 200 min Flugzeit 100 min mit Funksprechverkehr ausgefüllt waren. Wenn auch ein Teil dieser Zeit auf die Abstimmung mit den Betankungsflugzeugen entfällt, die B-58 mußte für diesen Flug in der Luft aufgetankt werden, geben diese Angaben doch einen Hinweis darauf, mit welchen Belastungen der Besatzung beim Überschallflug durch den Funksprechverkehr zu rechnen ist. Allein die von der Flugsicherung vorgeschriebene Meldung über jedem vollen zehnten Längengrad bei Flügen über den Nordatlantik macht bei einem Flug mit Mach 3 etwa alle zwölf Minuten einen Bericht erforderlich. Bei Überlandflügen werden in sehr kurzer Zeit die verschiedensten Kontrollbereiche überflogen, so daß die Hauptaufgabe des Piloten nicht mehr die Führung des Flugzeuges, sondern das Abgeben und Empfangen von Nachrichten wäre.

Der Funksprechverkehr wird für die Übermittlung von Nachrichten in Notfällen und anderen besonderen Umständen, z. B. bei einer Änderung des Flugplans, auch für den Überschallverkehr beibehalten werden müssen. Eine wesentliche Entlastung der Besatzung ist hier durch die Einführung eines selektierten Anrufs möglich. Die Besatzung empfängt bei diesem Verfahren nur Nachrichten, die für sie bestimmt sind. Es ist dann nicht mehr notwendig, den ganzen Funksprechverkehr auf der zugeteilten Frequenz abzuhören.

Für den routinemäßigen Nachrichtenaustausch ist ein automatisches Übertragungssystem (Data Link) vorzusehen [64, S. 3f]. Im Abschnitt 5.1 war bereits erwähnt worden, daß die zentrale Rechenanlage des Flugzeuges auch die Eingangssignale für einen Flug-Log-Schreiber steuern wird. Hier werden ständig die Position des Flugzeuges, Geschwindigkeit und Kurs über Grund, Höhe und Uhrzeit ausgedruckt. Auf Anfrage über den selektierten Anruf können diese Daten über das Data-Link-System automatisch an die Bodenstelle übertragen werden. Die Luftverkehrskontrolle hat dadurch jederzeit die Möglichkeit, die Position der in ihrem Bereich befindlichen Flugzeuge zu überprüfen. Beim Überfliegen der vorher festgelegten Meldepunkte wird die Überflugzeit automatisch übermittelt. Vom Boden aus können über Data Link Freigaben, Wetterinformationen und Steuersignale für die Sollwertanzeigen[15] in den Bordinstrumenten übertragen werden.

Ein derartiges Nachrichtenübertragungssystem wird den Piloten erheblich von der Routinearbeit entlasten und ihm die Überwachungs- und Führungsaufgaben erleichtern.

6.3 Luftverkehrsüberwachung

Für Überschallflüge ist eine durchgehende Freigabe des Fluges vom Start bis zur Landung erforderlich. Jede Verlängerung der planmäßigen Flugzeit gefährdet nicht nur die Wirtschaftlichkeit des Fluges, sondern kann den Sinn des Überschallfluges fraglich machen. Die jetzt im Einsatz befindlichen Strahlverkehrsflugzeuge benötigen für einen Flug von London nach New York nach Flugplan 7 Std. 35 min. Für einen Flug mit Mach 3 beträgt diese Zeit nur 2 Std. 11,2 min. Würden diese Flüge durch Warten vor dem Start um 15 min und ein Warteverfahren vor der Landung um weitere 30 min verzögert, bedeutet das für die heutigen Strahlverkehrsflugzeuge eine Verlängerung der Flugzeit um 9,9%, für das Überschallflugzeug eine Verlängerung der Flugzeit um 34,3%. Das zeigt sehr deutlich, welche Anforderungen an die Einhaltung des Flugplans im Überschallverkehr gestellt werden müssen.

Es ist also zu fordern, daß mit dem Anlassen der Triebwerke beim Start schon die Freigabe für die Landung auf dem Zielflughafen erteilt wird. Ob auf Großflughäfen immer ein ununterbrochener Rollvorgang von der Rampe bis an den Start möglich ist, erscheint sehr fraglich. Eine Möglichkeit wäre, die Überschallflugzeuge in eine Wartposition in der Nähe der Startbahn zu schleppen und die Freigabe erst hier zu erteilen. Nach Angaben von North American werden allein für das Anlassen der Triebwerke und den Rollvorgang 5650 kg Kraftstoff benötigt [55, S. 183]. Ein Schleppen des Flugzeuges würde daher einen beträchtlichen Nutzlastgewinn bedeuten. Dabei muß aber bedacht werden, daß ein Flugzeug von über 200000 kg Abfluggewicht nur sehr langsam geschleppt werden kann. Die Kapazität der Rollwege wird dadurch stark herabgesetzt, was wieder zu untragbaren Startverzögerungen führen kann.

Bereits zehn Minuten nach dem Start haben Überschallflugzeuge den gesamten Höhenbereich des jetzigen gewerblichen Luftverkehrs durchflogen. Von seiten der Luftverkehrsüberwachung muß für diesen Unterschallsteigflug ein Lufttunnel freigehalten werden. Es wird nicht möglich sein, einen solchen Tunnel nur in einer Richtung vorzusehen. Die anschließende Beschleunigungsphase muß in

[15] Vgl. Abschnitt 5.1.

einem günstigen Temperaturfeld durchgeführt werden. Zu warme Temperaturen während der Beschleunigung erhöhen den Kraftstoffverbrauch so stark, daß der ganze Flugablauf gefährdet werden kann. Nach Untersuchungen von SEREBRENY [65, S. 63] müssen während der Beschleunigung auch die Windverhältnisse berücksichtigt werden. Durch Rückenwinde können Fokussierungseffekte auftreten, die den Überschallknall über das zugelassene Maß hinaus erhöhen. Im Zusammenhang mit Fokussierungseffekten des Überschallknalls ist zu untersuchen, ob die Luftverkehrsüberwachung für die Einhaltung der zulässigen Überschallknallstärken mitverantwortlich ist. Sie muß dann die vom Piloten eingereichten Flugpläne auf die Einhaltung dieser Toleranzen überprüfen.

Für den Reiseflug ist die Einhaltung des Flugplans in erster Linie ein Problem der Flugvorbereitung und Navigation. Das im Abschnitt 4.2.2 erläuterte Navigations- und Ortungssystem ist genügend genau, um den vorgesehenen Flugweg einzuhalten. Durch die schnelle und genaue Nachrichtenübermittlung mit dem Data-Link-System ist auch die Luftverkehrsüberwachung jederzeit über die Einhaltung des Flugplans informiert. Die Genauigkeit der Flugzeitberechnung hängt von der Genauigkeit der meteorologischen Beratung ab. Fehler sind hier besonders bei Überwasserflügen möglich, da das Stationsnetz auf den Ozeanen noch sehr unvollständig ist. Es entsteht die Frage, inwieweit Vorhersagefehler durch eine Änderung der Flugmachzahl ausgeglichen werden können. Es seien z. B. durch Vorhersagefehler ein zusätzlicher Gegenwind von 50 Knoten und eine Abweichung von der Standardtemperatur um — 10° C bei der Flugvorbereitung nicht berücksichtigt worden. Unter Standardbedingungen entspricht einer Flugmachzahl $M = 3{,}0$ eine Grundgeschwindigkeit von 1725 Knoten. Durch die 50 Knoten Gegenwind wird die Grundgeschwindigkeit um 50 Knoten herabgesetzt. Es müßte also, um den Flugplan einzuhalten, mit einer Eigengeschwindigkeit von 1775 Knoten geflogen werden. Wird auch die Temperaturabweichung von — 10° C berücksichtigt, ergibt sich eine Flugmachzahl von $M = 3{,}15$, um die gleiche Grundgeschwindigkeit wie bei den Standardbedingungen zu erreichen. Die Abb. 26 zeigt nach einer Arbeit von POLHEMUS [66, S. 19] die Treibstoffverluste, die durch Abweichungen von der Auslegungsflugmachzahl entstehen. Danach bedeutet eine Erhöhung der Flugmachzahl auf $M = 3{,}15$ einen zusätzlichen Treibstoffverbrauch von 0,625%. Dabei muß noch berücksichtigt werden, daß durch die Abweichung von der Standardtemperatur um — 10° C der spezifische Kraftstoffverbrauch um 3,8% niedriger wird [43, S. 18]. Gegenüber dem o. a. zusätzlichen Kraftstoffverbrauch von 0,625% würde in diesem Beispiel sogar ein Treibstoffgewinn entstehen. Ungünstiger ist ein Fall, bei dem in der Flugvorbereitung ein Rückenwind von 50 Knoten und eine Abweichung von der Standardtemperatur um + 10° C nicht berücksichtigt worden sind. Soll auch hier der Flugplan eingehalten werden, muß mit einer Machzahl von $M = 2{,}85$ geflogen werden. Nach Abb. 26 erhöht sich der Kraftstoffverbrauch dabei um 0,5%. Durch die + 10° C Abweichung von der Standardtemperatur entsteht ein weiterer Kraftstoffverlust von 3,8%. Insgesamt ergibt sich also ein zusätzlicher Verbrauch von 4,3%. Wird bei einem Abfluggewicht von 200 t mit einer Kraftstoffzuladung von 100 t gerechnet und wird weiter angenommen, daß 55% dieser Kraftstoff-

menge für den Reiseflug benötigt werden[16], bedeutet ein zusätzlicher Verbrauch von 4,3% einen Nutzlastverlust von 2,4 t oder 24 Passagieren.
Bei der Behandlung des allgemeinen Flugprofils für den Streckenflug in Abschnitt 3.1.2 hatte sich ergeben, daß der optimale Flugweg für Überschallflugzeuge ein Reisesteigflug (cruise climb) mit 6000 Fuß/Std. Steigen ist. Ein ununterbrochener Reisesteigflug (step climb) ergab, wenn jeweils für 30 min eine konstante Flughöhe beibehalten wird, einen maximalen Treibstoffverlust von 1%. Für die Luftverkehrsüberwachung ist ein unterbrochener Reisesteigflug günstiger, da sich die Flugzeuge bei diesem Verfahren für den größten Teil des Reisefluges in festgelegten Höhen befinden. Die Betriebscharakteristik sollte ein solches Flugverfahren möglich machen.

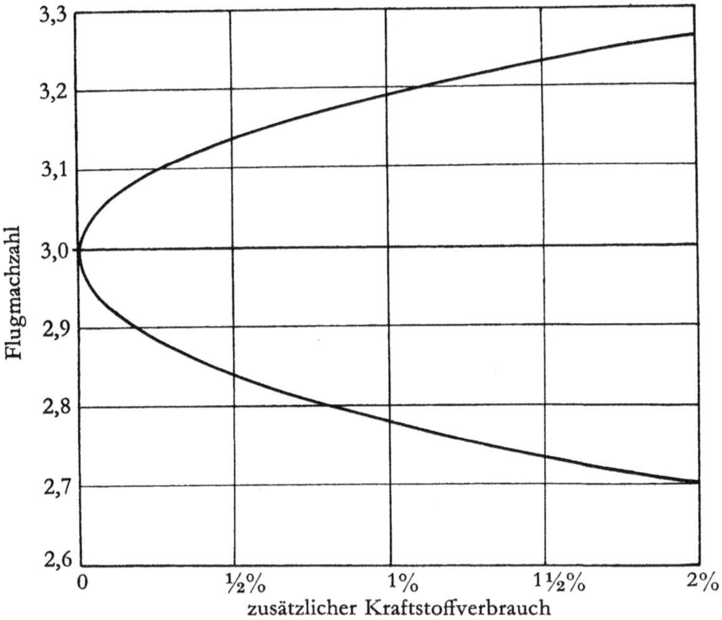

Abb. 26 Zusätzlicher Kraftstoffverbrauch bei Abweichungen von der Auslegungsflugmachzahl M = 3,0
(nach [66, S. 19])

Die Probleme der vertikalen und horizontalen Staffelung und der optimalen Flugwege waren im Abschnitt 4 ausführlich behandelt worden. Danach beträgt die vertikale Staffelung 1000 Fuß, die seitliche Staffelung 50 n. m. und die Längsstaffelung 10 min Flugzeit. Als optimale horizontale Flugwege ergaben sich für die Überschallflugzeuge Großkreise.
Spätestens mit der Einleitung des Sinkfluges muß die Landefreigabe vorliegen. Auch hier durchfliegen die Überschallflugzeuge den Luftraum der jetzt im Einsatz

[16] Vgl. Abb. 15.

befindlichen Verkehrsflugzeuge innerhalb von zehn Minuten. Wie für den Unterschallsteigflug muß für den Sinkflug wieder ein Lufttunnel freigehalten werden. Wenn hier immer wieder die Forderung nach einer durchgehenden Freigabe der Überschallflugzeuge erhoben wurde, so hat das vor allem den eingangs erwähnten Grund, daß jede Flugzeitverlängerung den Sinn des Überschallverkehrs in Frage stellen kann. Die Betriebscharakteristik der Überschallflugzeuge muß so beschaffen sein, daß sie in besonderen Fällen u. a. auch Warteverfahren vor der Landung durchführen können. Daher wird das beste Überschallflugzeug auch die besten Flugeigenschaften im Unterschallbereich haben.

7. Meteorologische Flugsicherung

Auch heute noch ist die Meinung weit verbreitet, daß oberhalb der Tropopause alle Wettererscheinungen aufhören. Die umfangreichen Forschungen der letzten Jahre haben bewiesen, daß das nicht der Fall ist. Sie nehmen für die Wintermonate mit steigender Höhe sogar zu. Ein allgemeiner Überblick über die Strömungsverhältnisse in der Stratosphäre auf der Nordhalbkugel ergibt folgendes Bild [67, S. 4f.]:

Im Sommer hat für die hohen Breiten ab 55° N die Schicht zwischen 12 und 18 km eine Westströmung. Die mittleren Windgeschwindigkeiten sind sehr gering und haben ihr Minimum in etwa 20 km Höhe. Direkt oberhalb dieser Schicht schlägt die Westströmung in eine Ostströmung um. Im 30-mb-Niveau (24 km) sind diese östlichen Winde außerordentlich beständig. Ihre mittlere Geschwindigkeit liegt bei 10–15 Knoten. Mit steigender Höhe werden die Winde stärker, im 10-mb-Niveau (30 km) beträgt die mittlere Windgeschwindigkeit 15–25 Knoten.

In den mittleren Breiten, zwischen 35° und 55° N, wird die Schicht zwischen 12 und 21 km während des Sommers von der oberen Hälfte des troposphärischen Jetstream eingenommen. Die Achse dieses sehr starken und beständigen Westwindfeldes liegt zwischen 9 und 12 km mit mittleren Windgeschwindigkeiten von 75 bis 150 Knoten. Mit steigender Höhe nehmen die Westwinde sehr schnell an Stärke ab. In 15 km Höhe beträgt die Windgeschwindigkeit etwa nur noch die Hälfte des Wertes in 11 km Höhe. Im Mittel verschwindet der Jetstream in 21 km Höhe 2° nördlich seiner Achse. Darüber tritt wieder eine Ostströmung auf.

In den niedrigen Breiten, zwischen 10° und 35° N, wird die sommerliche Stratosphäre durch ein System starker Ostwinde beherrscht. In Schichten unter 18 km Höhe ist diese Strömung noch verhältnismäßig schwach und unbeständig. Zwischen 23 und 24 km wird sie aber sehr beständig, die mittleren Windgeschwindigkeiten liegen bereits bei über 70 Knoten. Mit steigender Höhe wird diese Strömung noch stärker.

Die stratosphärische Zirkulation im Winter zeigt bis auf den troposphärischen Jetstream ein völlig anderes Bild. Nördlich 55° N ist die Strömung in der unteren Stratosphäre schwach und unbeständig, mit vorherrschend westlichen Winden. Oberhalb 15 km bildet sich in der arktischen Stratosphäre ein Feld sehr starker westlicher Winde aus, dessen vertikale Ausdehnung heute noch nicht restlos geklärt ist. In 24 km Höhe können die Windgeschwindigkeiten bereits Werte von 200 Knoten erreichen. Durch Raketenbeobachtungen wurden in 54 km Höhe Windgeschwindigkeiten von 350 Knoten gemessen. Die Stärke und Lage dieses Windsystems ist von Jahr zu Jahr sehr großen Änderungen unterworfen.

In den mittleren Breiten, zwischen 25° und 55° N, wird die untere Stratosphäre durch das System sehr starker westlicher Winde in der Höhe der Tropopause beeinflußt. Wie im Sommer geht die Windgeschwindigkeit, die zwischen 9 und 12 km ihr Maximum hat, mit steigender Höhe sehr schnell zurück. Im 100-mb-Niveau (16 km) hat sie im allgemeinen noch die Hälfte des Wertes, der in der Achse des Jetstream erreicht wird. Oberhalb 20 km stagniert die Geschwindigkeitsabnahme. Es herrscht eine leichte Westströmung vor, mit Windgeschwindigkeiten von 25 Knoten. Oberhalb 23 km Höhe werden die Windgeschwindigkeiten sehr schnell stärker. Diese Zunahme entsteht durch den mesosphärischen Jetstream, dessen Achse im allgemeinen bei 40° N in 60 km Höhe liegt. Die Windgeschwindigkeiten sind aber noch in 30 km Höhe selten größer als 50 Knoten. In den Tropen, zwischen 0° und 25° N, ändern sich die Strömungsverhältnisse im Winter mit der geographischen Länge. Sie sind z. Z. noch zu wenig untersucht, um allgemeine Angaben machen zu können.

Betrachtet man die mittlere Temperaturverteilung in der Stratosphäre, so sind bis auf die Polarregion die Unterschiede zwischen Sommer und Winter weniger ausgeprägt als bei der Zirkulationsverteilung [67, S. 2]. Die tropische Tropopause liegt in einer sehr kalten Schicht in der Höhe der 100-mb-Fläche. In der Tropopause liegt das Temperaturminimum mit Temperaturen um — 80° C in 20° nördlicher Breite und — 70° C in 30° nördlicher Breite. Oberhalb der Tropopause steigt in den Tropen die Temperatur mit etwa 2°/km an und erreicht ihren Maximalwert in 50 km Höhe.

Die arktische Tropopause liegt im Mittel in einer Höhe von 9 km. In der Tropopause betragen die Temperaturen über — 50° C im Sommer und — 55° C im Winter. Im 100-mb-Niveau sinkt im Winter die Temperatur auf — 50° C bis — 60° C. Nördlich 60° N sinken die Temperaturen in 21–30 km Höhe im Winter unter — 80° C. Im Sommer bildet sich über arktischen Regionen in der Tropopause ein Temperaturminimum aus. Bis zum 100-mb-Niveau steigen dann die Temperaturen schnell auf — 45° C an. In noch größeren Höhen ist der Temperaturanstieg langsamer. Das Temperaturmaximum liegt wieder in etwa 50 km Höhe.

Diese unterschiedliche Temperaturverteilung führt im Sommer zu einem stetigen Abfall der stratosphärischen Temperaturen vom Pol zum Äquator. Im Winter ist die Stratosphäre über dem Pol und Äquator sehr kalt, zwischen 50° und 60° nördlicher Breite liegt aber eine Zone wärmerer Luft. Die Abb. 27 zeigt zur Verdeutlichung des oben Gesagten schematisch die Temperaturverteilung im 100-mb-Niveau längs 40° westlicher Länge am 1. 1. 1964 und 1. 6. 1964.

Die Reiseflughöhe der Überschallflugzeuge liegt für das Mach 2,2-Flugzeug zwischen 55000 und 60000 Fuß (16,8–18,3 km) und für das Mach 3,0-Flugzeug zwischen 65000 und 75000 Fuß (19,8–22,9 km). Die entsprechenden Druckhöhen sind 91–72 mb, bzw. 56–35 mb. Nach den oben erläuterten Strömungs- und Temperaturverhältnissen in der Stratosphäre sind die Windgeschwindigkeiten in diesen Reiseflughöhen, mit Ausnahme der arktischen Westströmung im Winter, nicht sehr hoch. Die Untersuchungen im Abschnitt 4.2.1 hatten ergeben, daß wegen der großen Eigengeschwindigkeit der Überschallflugzeuge der Windeinfluß überhaupt gering ist. Wesentlich stärker müssen die großen Temperaturgegensätze beachtet werden. Sie werden vor allem bei Flügen in Richtung der Längengrade und für die Polarroute im Winter sehr stark. Bei einem Flug von

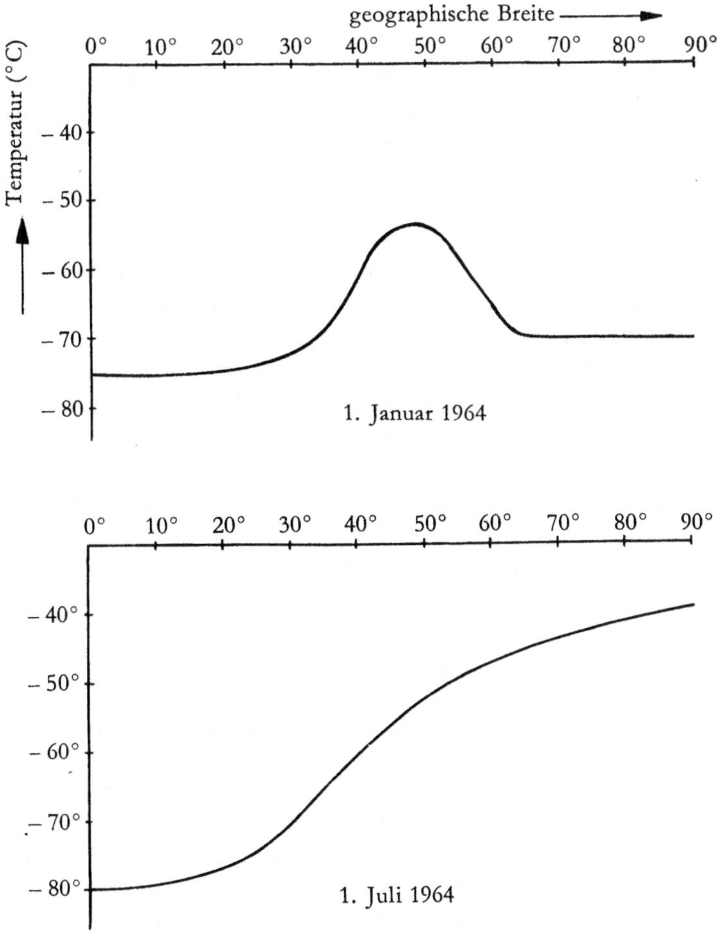

Abb. 27 Temperaturverteilung auf der Nordhalbkugel im 100-mb-Niveau längs 40° westlicher Länge am 1. 1. 1964 und 1. 6. 1964 (schematisch) (nach [6])

Europa nach Alaska im Winter können auf der Strecke Temperaturunterschiede von 40°C auftreten. Welche Wirkungen die daraus herrührenden Dichteunterschiede auf den Kraftstoffverbrauch haben werden, bedarf noch weiterer Untersuchungen, zu denen genaue Kennwerte der Überschalltriebwerke notwendig sind. In der Reiseflughöhe der jetzt geplanten Überschallflugzeuge ist nicht mit sehr starken Abweichungen von der Standardtemperatur zu wärmeren Werten zu rechnen. Für größere Flughöhen werden die meteorologischen Bedingungen ungünstiger. Neben den starken Windfeldern können die Stratosphärentemperaturen sehr hoch liegen. So wurden am 31. 1. 1963 über Berlin im 3,8-mb-Niveau (etwa 37,5 km) + 1°C gemessen [68, S. 380].

Nach diesem Überblick über die allgemeinen Strömungs- und Temperaturverhältnisse in der Stratosphäre sollen die besonderen Anforderungen untersucht werden, die der Überschallverkehr an die Wetterberatung stellt.

Für den Start- und Unterschallsteigflug ergeben sich gegenüber den jetzt im Einsatz befindlichen Strahlverkehrsflugzeugen keine besonderen Probleme. Durch den wesentlich größeren Schub im Verhältnis zum Abfluggewicht werden die Überschallflugzeuge eher unempfindlicher gegen hohe Umgebungstemperaturen beim Start sein [28, S. 151f.]. Kritischer werden die Verhältnisse für die Beschleunigungsphase. Es war weiter oben schon mehrfach ausgeführt worden, daß nur geringfügige Temperaturabweichungen zu wärmeren Werten während der Beschleunigungsphase den ganzen Flugablauf gefährden können. Es sind daher sehr genaue Informationen über die Temperaturverhältnisse in der Beschleunigungshöhe erforderlich. Es wird nicht mehr ausreichend sein, die Temperaturen wie bisher nur aus zwei täglichen Radiosondenaufstiegen zu bestimmen. Nach einer Arbeit von Serebreny [65, S. 64f.], in der die Ergebnisse von stündlichen Radiosondenaufstiegen über Boston dargestellt sind, können schon innerhalb weniger Stunden beträchtliche Temperaturschwankungen in Höhe der Tropopause auftreten.

Nach den bisherigen Erfahrungen führt ein Flug mit Überschallgeschwindigkeit durch Hagelwolken zu schweren Schäden am Flugzeug. In unseren Breiten könnte diese Möglichkeit während des Überschallsteigfluges bestehen. Nach Scherhag [68, S. 376] können in tropischen Gebieten in Extremfällen Gewitterwolken Höhen von nahezu 20 km erreichen. Für Flüge zwischen Europa und Südamerika ist also in Ausnahmefällen auch mit Gewitterwolken auf der Strecke zu rechnen. Die hohe Eigengeschwindigkeit der Überschallflugzeuge macht es notwendig, Gewitterwolken schon sehr frühzeitig zu erkennen. Bei Mach 3 werden in einer Minute über 28 n. m. durchflogen. Die Reichweite der heutigen Bordradaranlagen liegt bei 150 n. m. Berücksichtigt man noch, daß der Wenderadius bei Mach 3 etwa 100 n. m. beträgt, reichen die heutigen Bordanlagen nicht mehr aus, um ein Gewitter noch sicher umfliegen zu können. Für alle Flüge, die über die tropischen Gegenden führen, sind daher besondere Bordradargeräte und genaue Wetterberatungen über die Gewittertätigkeit notwendig.

Ungeklärt ist auch noch das Auftreten von Turbulenzen in großen Höhen. Besonders gefährlich sind die Turbulenzen in klarer Luft (clear air turbulence). Hierzu sind weitere Forschungsarbeiten notwendig.

Die Wetterberatung für den eigentlichen Streckenflug wird voraussichtlich mit größerer Genauigkeit erfolgen können als für die heutigen Strahlverkehrsflugzeuge [68, S. 380]. Das Wettergeschehen in der Stratosphäre ist nicht so schnellen Änderungen unterworfen wie die Wetterverhältnisse in der Tropopause, die die Reiseflughöhe der heutigen Strahlverkehrsflugzeuge ist. Die Wettervorhersage wird daher für die Stratosphäre leichter sein.

Für den Sinkflug mit Überschallgeschwindigkeit und die Verzögerungsphase ergeben sich keine Besonderheiten. Die Verzögerung auf Unterschallgeschwindigkeit erfolgt in so großen Höhen, daß in unseren Breiten nicht mehr die Gefahr eines Durchfliegens von Gewitterwolken besteht.

Die Wetterberatung für den Unterschallsinkflug und die Landung entspricht der Beratung für die heutigen Strahlverkehrsflugzeuge. Es ist zu hoffen, daß bis zum Einsatz der Überschallflugzeuge ein Blindlandesystem verwirklicht ist, das Landungen bei »Null«-Sichtverhältnissen erlaubt.

8. Geräuschbelästigung durch Überschallflugzeuge

8.1 Triebwerkslärm

Die Geräuschbelästigung der Flughafenanlieger durch Überschallflugzeuge muß in vernünftigen Grenzen bleiben. Aus dem Triebwerkslärm resultierende Start- und Landebeschränkungen würden die Wirtschaftlichkeit der Überschallflugzeuge gefährden. Nach den neuesten Richtlinien der FAA soll der Geräuschpegel in einer Entfernung von drei Meilen (4800 m) vom Abhebepunkt 108 PNdb und in einer Entfernung von einer Meile (1600 m) von der Landeschwelle 118 PNdb nicht überschreiten [58, S. 12]. Während des Starts soll der Geräuschpegel in einer Entfernung von 1500 Fuß (456 m) von der Landebahn unter 118 PNdb bleiben.
Die Geräuschentwicklung eines Strahltriebwerkes setzt sich im wesentlichen aus dem Kompressorgeräusch und dem durch die Expansion des Abgasstrahls entstehenden Geräusch zusammen.
Nach Walmsley gilt für die Schallstärke der letzteren Lärmquelle näherungsweise [7, S. 41]:

$$Lp = 10 \cdot \log_{10} \frac{2{,}49}{10^{10}} v^{6{,}5} - 10 \cdot \log_{10} \left[\left(\frac{r}{800} \right)^2 \frac{10000}{T} \right]$$

mit

Lp = Schallstärke (db)
v = relative Geschwindigkeit des Abgasstrahls (ft/sec)
r = Entfernung von der Schubdüse (ft)
T = Schub (lb)

Die amerikanischen Entwürfe eines Überschallflugzeuges werden ein um etwa 40% größeres Abfluggewicht haben als die heutigen Strahlverkehrsflugzeuge. Der maximale Triebwerksschub wird etwa dreimal so groß sein[17]. Dieser hohe Schubüberschuß ist notwendig, um während der Beschleunigung auf Überschall den plötzlich stark anwachsenden Luftwiderstand zu überwinden. Der Schubüberschuß wird aber auch während des Startvorganges ausgenutzt werden müssen, um trotz des höheren Abfluggewichts mit den vorhandenen Startbahnlängen auszukommen. Ein Vorteil des Schubüberschusses ist, daß Überschallflugzeuge sehr schnell steigen können. Nach Angaben der NASA wird ein Überschallflugzeug variabler Pfeilung, wie sie der Boeingentwurf vorsieht, einen Steigwinkel von 10° haben, während die Unterschallstrahlverkehrsflugzeuge etwa mit 5° steigen [69, S. 18]. Ein Überschallflugzeug wird daher in einer gegebenen Entfernung

[17] Vgl. Tab. 5.

vom Abhebepunkt etwa doppelt so hoch wie die heutigen Unterschallstrahlverkehrsflugzeuge sein. Nach der oben angeführten Gleichung bedeutet eine Verdreifachung des Schubes eine Erhöhung der Lautstärke um 4,8 db. Für ein Einkreistriebwerk wird die Lautstärkeerhöhung größer, da mit höheren Geschwindigkeiten des Abgasstrahles zu rechnen ist. Bei einem Zweikreistriebwerk tritt wegen der wesentlich geringeren Geschwindigkeit des Abgasstrahles eine Verminderung der Lautstärke ein. Ebenso ergibt sich aus der Gleichung, daß eine Verdopplung der Überflughöhe eine Verminderung der Lautstärke um 6,0 db bedeutet. Genaue Abschätzungen der Lautstärke sind z. Z. noch nicht möglich, da keine Kennwerte der Triebwerke vorliegen. Es ist aber damit zu rechnen, daß die oben angeführten Forderungen der FAA von den amerikanischen Entwürfen erfüllt werden.
Für die Concorde werden während des Startvorganges 1500 Fuß seitlich der Startbahn 118 PNdb und in einer Entfernung von vier Meilen vom Abrollpunkt zwischen 102 und 103 PNdb angegeben. Während der Landung soll die Lautstärke zwei Meilen von der Landebahn 105 PNdb betragen [58, S. 23]. Diese Werte bleiben unter den Lautstärken der heutigen Unterschallstrahlverkehrsflugzeuge.

8.2 Der Überschallknall

Beim Überschallflug werden vom Flugzeug Druckwellen erzeugt, die sich kegelförmig ausbreiten. Alle Störungen in der Luft pflanzen sich mit Schallgeschwindigkeit fort. Wenn ein Flugzeug schneller als der Schall fliegt, können die von dem Flugzeug verursachten Störungen sich nicht mehr in Flugrichtung ausbreiten. Die Störungen stauen sich daher vor der Nase und anderen Kanten des Flugzeuges auf und führen zu einem plötzlichen Drucksprung oder Verdichtungsstoß. In einiger Entfernung vom Flugzeug bleiben von dem komplizierten Stoßwellensystem im wesentlichen noch zwei Anteile übrig, die Bug- und die Heckwelle. Am Boden bewirken sie einen N-förmigen Drucksprung, der von einem Beobachter als Knall wahrgenommen wird. Die Intensität des Schalldruckes hängt von Größe, Form, Gewicht, Geschwindigkeit und Höhe des Flugzeuges ab. Sehr stark gehen auch die meteorologischen Verhältnisse ein. Abb. 28 zeigt schematisch die Form der Druckwelle. Der Überschallknall ist das grundlegende Problem des Überschallverkehrs. Nach den Ausschreibungsbedingungen der FAA für ein amerikanisches Überschallflugzeug darf der von den Druckwellen am Boden erzeugte Schalldruck während der Beschleunigungsphase 2 lb/sqft (9,8 kg/m^2) und während des Reisefluges und der Verzögerungsphase 1,5 lb/sqft (7,4 kg/m^2) nicht überschreiten [25, S. 19]. Zur Ermittlung der Intensität des Überschallknalls sind eine Reihe von Gleichungen entwickelt worden, die aber alle nur näherungsweise gelten [7], [70], [71]. Die Abb. 29 zeigt die nach der Theorie zu erwartenden Schalldrücke am Boden für ein Mach 3-Flugzeug von 400000 lb (182000 kg) Abfluggewicht. In Abb. 30 sind für den Reiseflug die seitliche Ausbreitung des Überschallknalls und seine Wirkungen auf Strukturen am Boden und die Öffentlich-

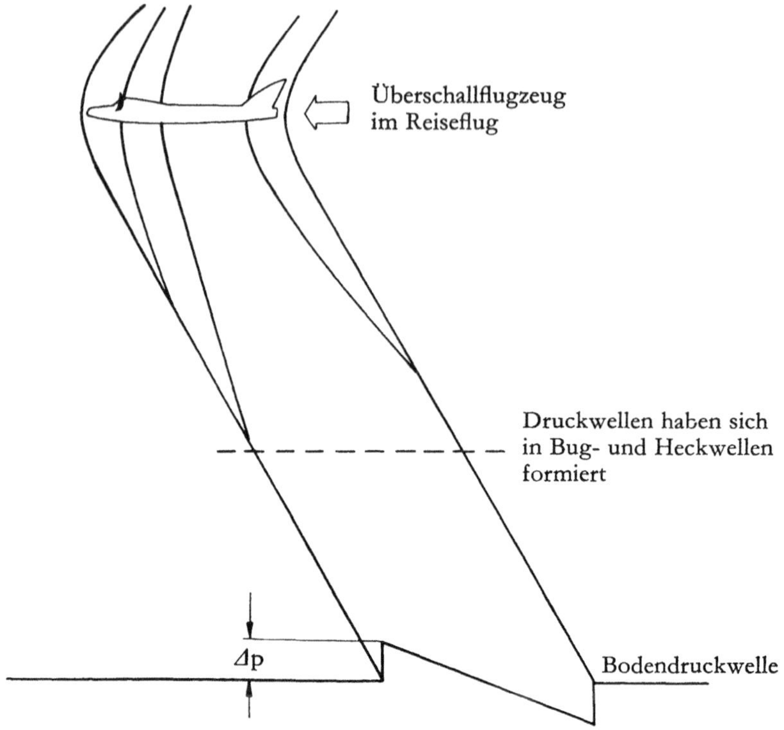

Abb. 28 Druckwelle eines Überschallflugzeuges im Reiseflug (nach [70, S. 9])

keit dargestellt. Nach LUNDBERG stellen die aus den Abbildungen 29 und 30 zu entnehmenden Schalldrücke Mittelwerte dar, die mit einer Wahrscheinlichkeit von 50% erreicht werden. In 1% der Fälle können nach seinen Angaben Schalldrücke von 2,6 lb/sqft, in 0,01% der Fälle sogar von 3,3 lb/sqft direkt unterhalb des Flugzeuges auftreten [38, S. 30]. Das würde bedeuten, daß bei jedem hundertsten Überflug eines Überschallflugzeues mit der Zerstörung von Fensterscheiben, bei jedem tausendsten sogar mit Gebäudeschäden zu rechnen ist.
Solche Vervielfachungen des Schalldrucks können eine ganze Reihe von Ursachen haben. Weiter oben war erwähnt worden, daß sich die Druckwellen kegelförmig ausbreiten. Der Öffnungswinkel dieses Kegels hängt von der Flugmachzahl ab. Näherungsweise gilt, daß der Sinus des halben Öffnungswinkels gleich der reziproken Machzahl ist [73, S. 121]. Während der Beschleunigung auf die Reiseflugmachzahl legt sich also die Druckwelle mit steigender Fluggeschwindigkeit immer mehr an das Flugzeug an. Es ist daher möglich, daß zwei zu verschiedenen Zeiten vom Flugzeug sich ablösende Druckwellen für einen Beobachter am Boden gleichzeitig eintreffen [74, S. 4]. Dadurch entsteht ein Hyperknall, der zu Beschädigungen von Strukturen am Boden führen kann. Ähnliche Effekte treten bei anderen Flugmanövern auf. So ist während des Überschall-

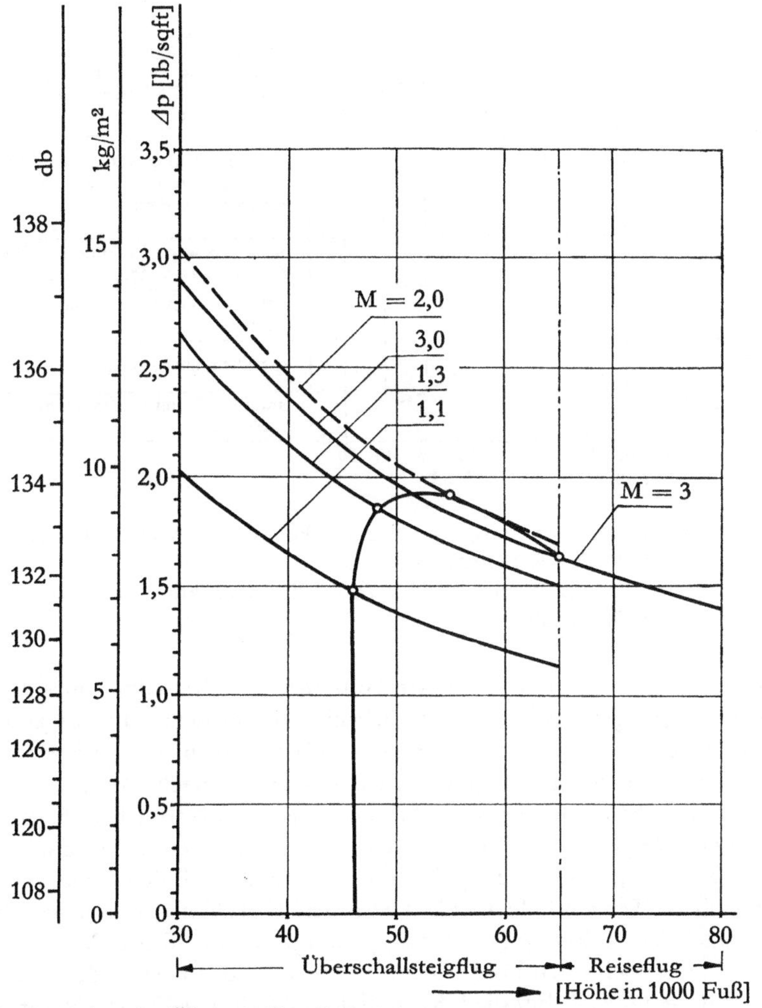

Abb. 29 Intensität des Überschallknalls für ein Mach 3-Flugzeug (nach [72, S. 44])

steigfluges mit einer Verminderung des Überschallknalls, während des Überschallsinkfluges mit einer Verstärkung desselben zu rechnen [7, S. 47].

Neben diesen durch Flugmanöver bedingten Erhöhungen des Überschallknalls können durch die meteorologischen Bedingungen Erhöhungseffekte auftreten. Besondere Bedeutung haben hier Fokussierungen des Überschallknalls durch die Windverhältnisse. Nach Angaben von Serebreny [65, S. 63] können Rücken- und Querwinde je nach Windstärke, Flugmachzahl und Reiseflughöhe den Überschallknall über den am Boden zulässigen Schalldruck von 1,5 lb/sqft erhöhen. Für eine Flugmachzahl von M = 1,5 und eine Flughöhe von 40000 Fuß werden als zulässige obere Grenze 90–100 Knoten Windgeschwindigkeit angegeben. Gegenwinde bedeuten für die Verminderung des Überschallknalls eine Hilfe. Wie

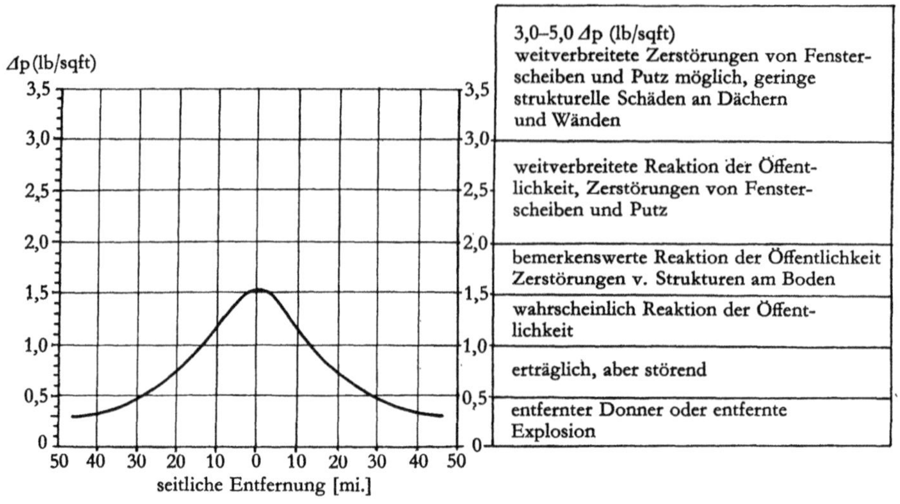

Abb. 30 Seitliche Ausbreitung des Überschallknalls eines Mach 3-Flugzeuges in 70000 Fuß Reiseflughöhe
und Wirkungen des Schalldrucks auf Bodenstrukturen und Öffentlichkeit (nach [38, S. 30])

sich die Windverhältnisse in dieser Hinsicht beim Reiseflug eines Überschallverkehrsflugzeuges auswirken, ist noch nicht untersucht. Hier ist zu erwarten, daß die Flugerprobung der B-70 einige Aufklärungen zu diesen Fragen bringt.
Weiter oben war schon erwähnt worden, daß ein Überschallknall von 1,5 lb/sqft für zulässig gehalten wird. Es erhebt sich die Frage, ob ein Überschallknall dieser Stärke der Öffentlichkeit wirklich zugemutet werden kann. Lundberg verneint das ganz entschieden [75, S. 7]. Er führt aus, daß durch den Überschallknall ein weit größerer Teil der Öffentlichkeit betroffen wird als etwa durch den Flughafenlärm. Nach der Einführung des Überschallflugzeuges wird es in Mittel- und Westeuropa kaum noch einen Punkt geben, der nicht in den Bereich des Knallteppichs dieser Flugzeuge fällt. Für die USA sind die Verhältnisse ähnlich. Während bisher ein Anwohner eines Flughafens, der sich gestört fühlte, die Möglichkeit hatte wegzuziehen, befürchtet Lundberg, daß dieser Ausweg für den Überschallknall nicht mehr besteht. Er hält es daher für notwendig, als Kriterium für den zulässigen Schalldruck Störungen des Schlafs zu benutzen. Dieser Wert könnte bei 0,3 lb/sqft Schalldruck liegen. Nach Lundberg ist es auch nicht zu verantworten, über schwach besiedelten Gebieten einen höheren Schalldruck zuzulassen oder die Besatzung und Passagiere von Schiffen einer ständigen Geräuschbelästigung auszusetzen. Einer Minderheit müssen die gleichen Rechte zugebilligt werden wie den Einwohnern dicht besiedelter Gebiete.
Zur Klärung des Fragenkomplexes wurden von der FAA im Jahre 1964 über einen Zeitraum von 26 Wochen über Oklahoma City Versuche mit Überschallflugzeugen durchgeführt. Die Flugzeuge erzeugten achtmal täglich einen Schalldruck zwischen 1,5 und 2,0 lb/sqft. Ziel der Versuche war, die Reaktion der

Öffentlichkeit auf den Überschallknall, die Wirkung auf Strukturen am Boden und die tatsächliche Stärke des Schalldrucks zu prüfen. LUNDBERG besuchte am 15. und 16. Juni Oklahoma City, um sich ein Bild über die Wirkungen des Überschallknalls zu machen [76]. Er berichtet dazu, daß ihn der erste Überschallknall, der täglich um 7 Uhr mit einer Stärke von 1,5 lb/sqft erzeugt wurde, aus einem tiefen Schlag weckte. Nach seinen Angaben wird von vielen Einwohnern der Stadt dieser erste Überschallknall als Wecker benutzt. Die Messungen hätten ergeben, daß die Stärke des Schalldruckes um den nach der Theorie zu erwartenden Wert stark streut. So wären bei einem theoretisch zu erwartendem Schalldruck von 1,5 lb/sqft Stärken von 3,0 lb/sqft, einmal sogar von 5,0 lb/sqft, gemessen worden. In einem Falle ist durch einen nominellen Schalldruck von 1,5 lb/sqft eine große Schaufensterscheibe zerstört worden. LUNDBERG kommt aus seiner Anwesenheit in Oklahoma City erneut zu dem Schluß, daß ein Schalldruck von 1,5 lb/sqft nicht zugelassen werden kann. Nach dem vorläufigen Bericht der FAA [77, S. 1784] gingen bei der Beschwerdestelle von den 700000 Einwohnern 13000 Briefe und Telefonanrufe ein und wurden 3248 Schadenersatzformulare ausgefüllt. Strukturelle Schäden an Gebäuden sind nicht aufgetreten. Ob nach diesem Ergebnis der zulässige Schalldruck herabgesetzt werden muß, bedarf noch weiterer Untersuchungen. Die FAA führt z. Z. ein neues Versuchsprogramm in New Mexico durch [78, S. 19]. Mit F-104-Starfighter sollen dabei Schalldrücke von 2,0 lb/sqft bis 30 lb/sqft erzeugt werden. Auf einem Versuchsgelände wurden eine Anzahl von Häusern erreichtet, u. a. Ladenfronten mit großen Schaufenstern. Testpersonen sollen während der Versuche auf dem Gelände schlafen, um weitere Aufschlüsse über den zulässigen Schalldruck zu erhalten.
Für andere Flugzeuge bedeutet die von den Überschallflugzeugen erzeugte Druckwelle nur bei sehr geringem Abstand eine Gefahr. Bei einer Entfernung von 1000 Fuß ist fast keine Wirkung mehr zu spüren [74, S. 6f.]. Messungen haben ergeben, daß die durch die Druckwelle an anderen Flugzeugen auftretenden Beschleunigungen 0,3 g nicht überschritten [77, S. 1785]. Im Vergleich zu den bei Turbulenzen gemessenen Beschleunigungen ist dieser Wert sehr gering.

9. Anthropotechnische Gesichtspunkte des Überschalluftverkehrs

Mit der Einführung der Überschallflugzeuge wird die Fluggeschwindigkeit gegenüber den heutigen schnellsten Verkehrsflugzeugen verdreifacht werden und erstmals die Stratosphäre zur Reiseflughöhe des gewerblichen Luftverkehrs.
In den Abschnitten 4 und 5 war erläutert worden, daß die große Geschwindigkeit der Überschallflugzeuge ein weitgehend automatisch arbeitendes Flugführungssystem notwendig macht. Die zentrale Rechenanlage des Flugzeuges soll demnach die Funktion eines automatischen Überwachers und automatischen Piloten übernehmen. Wenn dabei auch die absolute Blindlandung gefordert wurde, ist damit ein Weg beschritten worden, der sich grundsätzlich von den heute in der Verkehrsluftfahrt üblichen Verfahren unterscheidet. Bei einem Ausfall der heute installierten automatischen Systeme kann der Pilot jederzeit die Steuerung des Flugzeuges wieder selbst in die Hand nehmen und das Flugprogramm fortsetzen. Bei der absoluten Blindlandung ist das nicht mehr möglich. Der Pilot kann zwar die Landung abbrechen und durchstarten, aber unter Null-Sichtbedingungen kann das Flugzeug nur noch mit der Automatik gelandet werden. Hiermit ist bereits die Rolle des Menschen in einem derartigen automatischen System angedeutet. Grundsätzliche Entscheidungen, in dem o. a. Beispiel ob die Landung fortgesetzt oder unterbrochen wird, fällt der Pilot, die Ausführung wird der Automatik übertragen. Der Pilot hat die allgemeine Betriebssituation zu überwachen und greift im allgemeinen nur indirekt, über die Automatik, in die Flugführung ein. Er wird damit zum obersten Überwacher des ganzen Systems. Diese Aufgabe wird er nur erfüllen können, wenn das System die erforderliche Zuverlässigkeit hat und wenn es gelingt, den Piloten von dieser Zuverlässigkeit zu überzeugen. Die Anforderungen an die Zuverlässigkeit werden noch dadurch verstärkt, daß bei einer Reisegeschwindigkeit entsprechend Mach 3 ein Flug nach Sichtflugregeln unmöglich wird. Im Falle einer drohenden Kollision auf Gegenkurs bliebe den Besatzungen wahrscheinlich nur fünf Sekunden Zeit, ein Ausweichmanöver durchzuführen [79, S. 98].
Der menschliche Körper ist an einen festen 24-Stunden-Tagesrhythmus gewöhnt. Bei Flugreisen, z. B. über den Nordatlantik, wird dieser Tagesrhythmus durch die zonalen Zeitunterschiede gestört. Das bedeutet besonders für die Besatzungen eine erhebliche Belastung. Für die Besatzungen der Überschallflugzeuge sind diese Störungen geringer, da Streckenabschnitte bis zu 3500 n. m. in einem normalen Arbeitstag hin und zurück beflogen werden können. [28, S. 185].
Im Abschnitt 5.2 war schon erwähnt worden, daß die aus der hohen Eigengeschwindigkeit der Überschallflugzeuge resultierende Reibungswärme besonders hohe Anforderungen an das Kabinenkühlungssystem stellt. Bei einer Fluggeschwindigkeit entsprechend Mach 3 beträgt die Temperatur der Außenhaut

etwa 250° C. Das Kühlungssystem muß daher außerordentlich zuverlässig sein. Auch ein teilweiser Ausfall kann nicht zugelassen werden [80, S. 311]. Um die Luftfeuchtigkeit in der Kabine in für die Flugzeuginsassen angenehmen Grenzen zu halten, ist es notwendig, ständig Frischluft zuzuführen. Fällt das Kühlungssystem zu einem Teil aus und steigt dadurch die Kabinentemperatur, steigt auch die Wasserdampfausscheidung der Passagiere, als Reaktion des Körpers auf die zu hohe Außentemperatur. Um die Luftfeuchtigkeit wieder herabzusetzen, müßte noch mehr Frischluft zugeführt werden. Bei nicht einwandfreier Funktion der Kabinenkühlung würde dadurch die Kabinentemperatur noch weiter ansteigen. Es entsteht also ein irreversibler Zustand, der sehr rasch für die Flugzeuginsassen zu unerträglichen Klimabedingungen führt und den Piloten zwingt, die Geschwindigkeit bis auf den Unterschallbereich herabzusetzen.

Im Abschnitt 5.2 war auch erläutert worden, daß ein plötzlicher Abfall des Kabinendrucks in der Reiseflughöhe der Überschallflugzeuge mit Sicherheit ausgeschlossen werden muß. In 63000 Fuß Höhe entspricht der Außendruck dem Dampfdruck des Wassers [60, S. 12]. Wird ein Mensch diesem Druck ohne Schutzanzug ausgesetzt, beginnt das Blut zu sieden. Der Tod würde nach wenigen Sekunden eintreten. Weder Sauerstoffmasken noch ein sofort eingeleiteter Sturzflug bieten eine Überlebenschance. Da es nicht möglich erscheint, die Passagiere eines Überschallflugzeuges mit Druckanzügen zu versehen, muß das Kabinendrucksystem genauso sicher wie die Zelle des Flugzeuges sein.

Von besonderer Bedeutung für den Überschallverkehr ist die kosmische Strahlung. Sie besteht primär aus Teilchen hoher Energie, die aus der Milchstraße (galaktische Strahlung) und von der Sonne (solare Strahlung) kommen. Die galaktische Strahlung [82, S. 3f.] setzt sich zu 85% aus Protonen, zu 13% aus α-Teilchen und zu 2% aus schweren Atomkernen zusammen. Durch das erdmagnetische Feld wird der Teilchen-Fluß so verändert, daß er vom Äquator zum Pol um den Faktor 1 : 20 zunimmt. Der Einfluß der Sonnenfleckentätigkeit auf das Erdfeld kann in den ein bis zwei Jahren geringer Sonnentätigkeit mehr als eine Verdoppelung des Teilchenflusses gegenüber den neun Jahren hoher Sonnenfleckentätigkeit bewirken. Beim Eindringen in die Erdatmosphäre stoßen die primären Teilchen mit den Luftmolekülen zusammen und erzeugen eine Sekundärstrahlung. Sie besteht aus Elektronen und Mesonen. Für eine Höhe von 60000 Fuß ist der Teilchenfluß der Sekundärstrahlung bereits größer als der Fluß der Primärstrahlung. Die Intensität der Strahlung hat ihr Maximum in einer Höhe von 75000 Fuß (23 km). In Meereshöhe geht sie auf 0,3–0,5% des Maximalwertes zurück [80, S. 55]. Nach LUNDBERG [38, S. 34] beträgt nördlich 50° geographischer Breite, in Höhen zwischen 60000 und 80000 Fuß, in den Jahren hoher Sonnenfleckentätigkeit die Intensität der Stahlung 4 bis 7 rem/Jahr[18] und in den Jahren geringer Sonnenfleckentätigkeit 6 bis 15 rem/Jahr.

Die solare Strahlung entsteht in den Jahren hoher Sonnenfleckentätigkeit als Folgeerscheinung von Sonneneruptionen. Ebenso wie die galaktische Strahlung

[18] 1 rem = roentgen equivalent men, Maß für die biologische Wirkung von Strahlungen auf den Menschen.

ist sie stark breitenabhängig. Für den Überschallverkehr sind auch hier nur die Strahlungsintensitäten nördlich und südlich 50° geographischer Breite von Interesse. Nach FOELSCHE [82, S. 17f.] kann die solare Strahlung je nach der Intensität in drei Gruppen eingeteilt werden. In den Jahren hoher Sonnenfleckentätigkeit, sie machen neun Jahre des elfjährigen Sonnenzyklus aus, ist jeweils in 75000 Fuß Höhe zwei- bis viermal je Jahr, für eine Dauer von 20 Stunden mit einer Strahlungsintensität von 15 m rep/Std.[19], zweimal je Jahr, für 20 Stunden, mit einer Intensität von 1 rep/Std. und zweimal, kurz aufeinanderfolgend, in vier Jahren, für eine Stunde, mit einer Strahlungsdosis von 4 rep/Std. zu rechnen. Die Umrechnung der in »rep« angegebenen Dosen in »rem« ist mit einiger Unsicherheit behaftet. FOELSCHE setzt hier beide Einheiten gleich. Nach LUNDBERG [38, S. 34] könnte die biologische Wirkung der Strahlung (rem) aber auch doppelt so groß sein wie ihre physikalische Wirkung (rep).
Es entsteht nun die Frage, welche Strahlungsdosen sich aus den o. a. Werten für die Besatzungen und Passagiere von Überschallflugzeugen ergeben. Rechnet man für die Besatzung mit einer monatlichen Flugzeit von 80 Stunden und nimmt weiter an, daß davon 40 Stunden auf den Überschallreiseflug, also den hier interessierenden Höhenbereich entfallen, ergibt die o. a. maximale Intensität der galaktischen Strahlung von 15 rem/Jahr für die Besatzung eine jährliche Strahlungsdosis von 0,8 rem/Jahr. Nach Angaben von FOELSCHE [82, S. 9] kann die Strahlungsdosis für die Besatzung sogar 1,7 rem/Jahr erreichen. Wird der letzte der beiden Werte für gültig gehalten, müssen die Besatzungen der Überschallflugzeuge in die Gruppe beruflich strahlenexponierter Personen eingestuft werden. Nach den Bestimmungen des Strahlenschutzes sind in diese Gruppe alle Personen einzureihen, die jährlich einer Strahlendosis von mehr als 1,5 rem ausgesetzt sind [83, S. 85]. Die o. a. Intensitäten der solaren Strahlung können nach FOELSCHE für die Besatzung von Überschallflugzeugen folgende Strahlungsdosen ergeben [82, S. 32]:

a) für die erste Gruppe der solaren Strahlung 0,24 rem/Jahr,
b) für die zweite Gruppe der solaren Strahlung 8 rem/Jahr,
c) für die dritte Gruppe der solaren Strahlung 8 rem/Jahr.

Die höchstzulässige Strahlungsdosis ist auf 5 rem/Jahr beschränkt. Für die beiden letzten Gruppen der solaren Strahlung kann also der Überschallflug nicht in der normalen Reiseflughöhe durchgeführt werden. In 50000 Fuß Höhe ist die Intensität durch die abschirmende Wirkung der Lufthülle soweit herabgesetzt, daß keine Gefahr mehr besteht. Die hier angeführten möglichen Strahlungsdosen sind allerdings Maximalwerte und können nur bei Flügen nördlich bzw. südlich 50° geographischer Breite auftreten. Eine der wichtigsten Strecken des Überschallverkehrs, die Nordatlantikstrecke, liegt aber in diesem Breitenbereich. Es ist z. Z. möglich, plötzlich auftretende solare Strahlungen 15 min vorher zu erkennen,

[19] 1 m rep = 1/1000 rep, 1 rep = 1 roentgen equivalent physical, Maß für die physikalische Wirkung einer Strahlung.

dabei kann aber nicht die Intensität dieser Strahlung mit Sicherheit vorausgesagt werden [38, S. 36]. Bei jeder solaren Strahlung muß also eine sichere Höhe aufgesucht werden, da evtl. sehr starke Intensitäten auftreten können. Nach den o.a. Häufigkeiten der solaren Strahlung könnte dieser Fall sechsmal je Jahr eintreten. Das bedeutet einen Unsicherheitsfaktor für die Regelmäßigkeit des Überschallverkehrs, da in 50000 Fuß eine Fortsetzung des Fluges mit Überschallgeschwindigkeit nicht mehr möglich ist.

Für die Passagiere der Überschallflugzeuge ist die von der galaktischen Strahlung herrührende Strahlungsdosis sehr gering. Es darf aber auch hier nicht übersehen werden, daß jede zusätzliche Strahlungsdosis eine Gefahr bedeutet. Für die solare Strahlung gelten, da sie ja nur kurzzeitig auftritt, die gleichen Bedingungen wie für die Besatzung. Erschwerend kommt hinzu, daß für weibliche Passagiere im Stadium einer Frühschwangerschaft die bei der solaren Strahlung möglicherweise auftretenden Dosen unzulässig sind. Es wäre mit einer schweren Schädigung des werdenden Lebens zu rechnen.

In jedem Fall sind vor der Einführung des Überschallverkehrs noch sehr eingehende Untersuchungen zum Problem der kosmischen Strahlung erforderlich. Vor allem ist zu klären, ob die plötzlichen solaren Strahlungen mit Sicherheit so frühzeitig erkannt werden können, daß noch genügend Zeit bleibt, eine sichere Flughöhe aufzusuchen. Diese Sicherheit muß genauso groß sein wie die Sicherheit des Flugzeuges. Sonst kann weder Passagieren noch Besatzung zugemutet werden, mit einem Überschallverkehrsflugzeug zu fliegen.

10. Auswirkungen des Überschallverkehrs auf Flughafenanlagen und Flughafenbetrieb

10.1 Länge der Start- und Landebahnen

Im Zusammenhang mit der Erläuterung des allgemeinen Flugprofils im Abschnitt 3.1.2 hatte sich ergeben, daß die Überschallflugzeuge voraussichtlich mit den Startbahnlängen der heutigen Großflughäfen auskommen werden. Nach den neuesten zur Verfügung stehenden Unterlagen wird das weiter erhärtet. Boeing gibt für seinen Entwurf mit variabler Pfeilung Startbahnlängen von 7250–9000 Fuß (2200–2750 m) unter Normalbedingungen an [58, S. 12]. Durch das gute Auftriebswiderstandsverhältnis im Unterschallbereich hat der Boeingentwurf die gleiche Abhebe- und Landegeschwindigkeit wie die Boeing 707-320 B. Die erforderliche Landebahnlänge liegt bei 5500 Fuß. Lockheed gibt für seinen Entwurf eine Startbahnlänge von 8000 bis 9000 Fuß und eine Landebahnlänge von 6000 bis 6700 Fuß an [58, S. 35]. Die Concorde wird eine Startbahnlänge von 7500 Fuß (2200 m) benötigen [84, S. 936].

Die hier angeführten Werte gelten nur, wenn der Schubüberschuß der Überschallflugzeuge ausgenutzt werden kann. Im Abschnitt 8.1 war erläutert worden, daß durch den höheren Startschub dieser Flugzeuge mit einer größeren Lärmbelästigung auf dem Flughafen zu rechnen ist. Für die Flughafenanlieger wird der Lärmpegel voraussichtlich nicht größer sein als bei den heutigen Strahlverkehrsflugzeugen, da Überschallflugzeuge einen wesentlich steileren Steigwinkel haben. Sollte die Lärmentwicklung eine Reduzierung des Startschubs notwendig machen, dürfte der Boeingentwurf wegen seinen überlegenen aerodynamischen Eigenschaften am günstigsten abschneiden.

10.2 Raddrücke und Festigkeit der Start- und Landebahnen

Für den Boeingentwurf und die Concorde sind die heute üblichen Hauptfahrwerke in Doppeltandem-Ausführung (dual-in-tandem), d. h. mit vier Rädern je Fahrwerksbein vorgesehen. Lockheed will seinen Entwurf eines Überschallflugzeuges mit einem Hauptfahrwerk in dual-dual-in-tandem-Anordnung, d. h. mit sechs Rädern je Fahrwerksbein ausrüsten.

Überschlägig beträgt die äquivalente Einzelradlast bei einem Doppeltandem-Fahrwerk 22% des Abfluggewichts, bei einem Fahrwerk mit je acht Rädern ergeben sich 18% des Abfluggewichts [85, S. 57]. Nach Horonjeff ist die Einzelradlast für ein Fahrwerk mit je acht Rädern und je sechs Rädern etwa gleich [86, S. 5]. Damit ergeben sich für die Einzelradlasten folgende Werte, wobei die Boeing 707-320 zum Vergleich mit herangezogen wurde.

Tab. 9 Einzelradlasten der Boeing 707-320 und der Entwürfe für ein Überschallverkehrsflugzeug

Flugzeugtyp	Abfluggewicht[20] (kg)	Einzelradlast (kg)
1	2	3
Boeing 707–320	141 520	31 000
Boeing SST	195 000	43 000
Lockheed SST	204 000	36 700
Concorde	148 000	32 500

Nach der früher gültigen Einteilung der Flughäfen galt für Startbahnen, die mit einer Einzelradlast von 45000 kg belastet werden konnten, die Klasse 1 [84, S. 8]. Alle hier angeführten Flugzeugtypen bleiben noch unterhalb dieses Wertes, könnten also von Flughäfen der früheren Klasse 1 starten. Die Concorde, mit einer Einzelradlast von 32500 kg, könnte noch von Flughäfen der früheren Klasse 2 starten. Für sie gilt als maximal zulässige Belastung eine Einzelradlast von 35000 kg [84, S. 8].

Nach den neuen Empfehlungen der ICAO wird die Tragfähigkeit von Start- und Landebahnen nach der LCN-Methode[21] angegeben [86, S. 55]. Weiter oben war schon erwähnt worden, daß die in Tab. 9 ermittelten Einzelradlasten nur näherungsweise gelten. Für eine genaue Berechnung muß die Ausführung der Startbahndecke berücksichtigt werden. Es ist daher nicht möglich, allgemein gültige LCN-Werte für die künftigen Überschallflugzeuge anzugeben.

Horonjeff gibt für verschiedene Abfluggewichte und Fahrwerkskonfigurationen die erforderliche Deckenstärke einer festen Betonstartbahn an [86, S. 6]. Für ein Flugzeug von 450000 lb Abfluggewicht mit Doppeltandemfahrwerk, etwa der Boeingentwurf, ist danach eine Deckenstärke von 16 inch (40 cm) notwendig.

Für Überschallflugzeuge kommt der Rauhigkeit der Startbahn eine erhöhte Bedeutung zu [86, S. 8]. Durch den langen, schlanken Rumpf ist der Pilot verhältnismäßig weit vom Schwerpunkt des Flugzeuges entfernt, Schwingungen des Flugzeuges durch Bodenunebenheiten führen zu stärkeren Beschleunigungen in der Flugzeugführerkanzel als sie bei den jetzigen Strahlverkehrsflugzeugen auftreten. Hierzu sind weitere Untersuchungen notwendig.

10.3 Zu- und Abrollbahnen

Bei den Untersuchungen über die Anforderungen der Überschallflugzeuge an die Zu- und Abrollbahnen auf den Flughäfen sind drei Faktoren von Bedeutung:

[20] Vgl. Tab. 5.
[21] Load classification number.

die Breite der Rollwege, die Breite der Schutzstreifen und die Radien der Rollwege [86, S. 2]. Der Abstand der Radpaare des Hauptfahrwerks der Überschallflugzeuge wird voraussichtlich nicht größer sein als bei den heutigen großen Verkehrsflugzeugen. Daher dürfte die auf Großflughäfen übliche Breite der Rollwege von 75 Fuß auch für die Überschallflugzeuge ausreichend sein. Die Schutzstreifen, die beiderseits der Rollwege angeordnet sind, um das Ansaugen von Fremdkörpern in die Triebwerkseinläufe während des Rollvorganges zu verhindern, haben meist eine Breite von 25 Fuß. Bei allen projektierten Überschallflugzeugen sind die Triebwerke in der Nähe der Rumpfachse angeordnet. Eine Verbreiterung der Schutzstreifen wird daher nicht notwendig sein.

Der erforderliche Rollbahnradius hängt von dem Abstand zwischen Hauptfahrwerk und Bugrad ab. Der Rollvorgang kann entweder so durchgeführt werden, daß das Bugrad der Mittellinie des Rollweges folgt oder so, daß der Mittelpunkt des Hauptfahrwerks der Mittellinie des Rollweges folgt. Sollen sowohl Bugrad als auch Hauptfahrwerk der Mittellinie folgen, ergeben sich sehr große Rollbahnradien. Man läßt daher zu, daß sich das Hauptfahrwerk bzw. das Bugrad bis auf einen bestimmten Abstand der seitlichen Begrenzung des Rollweges nähert. Horonjeff hält einen Wert von 30 Fuß zur zulässig. Er gibt auch eine Beziehung zur Berechnung der erforderlichen Rollbahnradien an. Danach gilt [86, S. 3]:

$$R = \frac{0{,}388\, W^2}{T/2 - S}$$

mit

R = Radius in Fuß

W = Abstand zwischen Hauptfahrwerk und Bugrad in Fuß

T = Breite des Rollweges in Fuß

S = zulässiger Abstand zwischen Mittelpunkt des Hauptfahrwerks und der seitlichen Begrenzung des Rollweges in Fuß

Leider liegen keine Angaben für den Fahrwerksabstand der amerikanischen Entwürfe vor. Aus zur Verfügung stehenden Skizzen [13, S. 829 f.] ergibt sich für den Boeingentwurf ein Fahrwerksabstand von 72 Fuß (22,1 m) und für den Entwurf von Lockheed ein Fahrwerksabstand von 84 Fuß (25,5 m). Für die Concorde werden 55 Fuß (16,8 m) angegeben [69, S. 780]. Bei einer Rollbahnbreite von 75 Fuß und einer zulässigen Annäherung der Mitte des Hauptfahrwerks an die Rollbahnaußenkante von 30 Fuß ergeben sich nach der o. a. Gleichung folgende Rollbahnradien:

Tab. 10 Erforderliche Rollbahnradien für Überschallflugzeuge

Flugzeugmuster	Rollbahnradius (Fuß)
1	2
Boeing SST	268
Lockheed SST	374
Concorde	156

Die Rollbahnen haben heute im allgemeinen Radien von 200 Fuß. Sie würden also nur für die Concorde zu benutzen sein. Bei künftigen Flughafenanlagen ist zu empfehlen, Rollbahnradien von 400 Fuß vorzusehen.

Horonjeff schlägt für die bestehenden Flughafenanlagen eine Erweiterung des Innenbogens der Rollwege vor. Die Abb. 31 zeigt die Verbreiterung für einen 90°-Bogen. Für die Erweiterungsradien gelten folgende Beziehungen [86, S. 4]:

$$R_2 = R - \left[\frac{0{,}338\, W^2}{R} + S\right]$$

$$R_1 = \frac{D_r^2 + (T/2)^2 + R - (R_2^2 - RT)}{2\,(R - R_2) - T}$$

mit

R = Radius des bestehenden Rollweges in Fuß

W = Abstand zwischen Hauptfahrwerk und Bugrad in Fuß

T = Breite des bestehenden Rollweges in Fuß

S = Zulässiger Abstand zwischen dem Mittelpunkt des Hauptfahrwerks und der seitlichen Begrenzung des erweiterten Rollweges

$D_r = 3\,W - 0{,}4\,R$

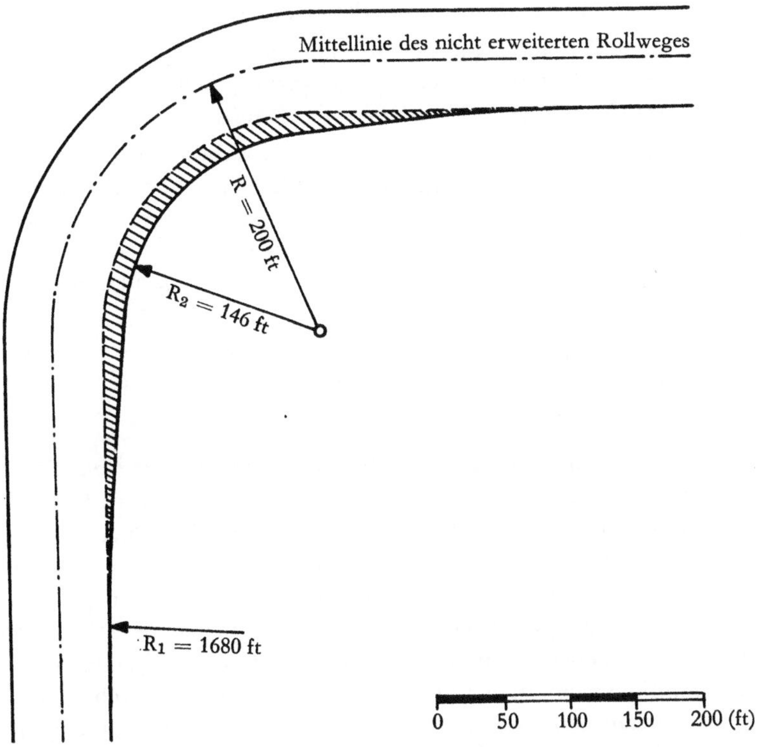

Abb. 31 Notwendige Erweiterung der Rollwege für Überschallflugzeuge (nach [86, S. 17])

Weiter oben hatte sich gezeigt, daß für den Lockheedentwurf der größte Rollbahnradius notwendig ist. Für die Erweiterung ergeben sich, mit einem Fahrwerksabstand von 84 Fuß, einem Rollwegradius von 200 Fuß, einer Rollwegbreite von 75 Fuß und einer zulässigen Annäherung des Hauptfahrwerks an die seitliche Begrenzung des Rollweges von 30 Fuß, folgende Werte:

$$R_2 = 146 \text{ Fuß} \qquad R_1 = 1680 \text{ Fuß}$$

Eine Verbreiterung des Innenbogens um 16,5 Fuß (5 m) würde damit ausreichend sein.

10.4 Bodenabfertigung

Besonderheiten der Bodenabfertigung von Überschallflugzeugen ergeben sich aus der größeren Rumpflänge gegenüber den heutigen Strahlverkehrsflugzeugen, dem größeren Wenderadius, der Höhe der Ladetüren und Passagiereingänge und der Kraftstoffmenge, die getankt werden muß. Nach einer Untersuchung von Treibel führt die Konfiguration der Überschallflugzeuge zu folgenden wesentlichen Abweichungen von dem bisherigen Abfertigungssystem [84, S. 937]:

a) Die Rumpflänge der Überschallflugzeuge macht eine Vergrößerung des Durchmessers der Landeposition auf mindestens 85 m notwendig.
b) Der Sicherheitsabstand, der bei Strahlflugzeugen mit 7,5 m je Flugzeug angenommen wurde, muß größer gewählt werden, da die sehr weit vorn liegende Anordnung der Flugzeugführerkanzel das Manöverieren am Boden erschwert.
c) Günstig für die Vorfeldabfertigung ist die Anwendung des Nose-in-push-out-Verfahrens. Bei diesem Verfahren rollen die Flugzeuge mit eigener Kraft auf die Position und werden mit Fremdkraft (z. B. Traktoren) zurückgedrückt. Wegen der geringen Spannweite der Überschallflugzeuge[22] könnten bei rechtwinkliger Abfertigung an einem Finger mehr Flugzeuge als bisher untergebracht werden.
d) Eine Verwendung von Fluggastbrücken ist nicht möglich, da die heute üblichen Längen dieser Brücken wegen des großen Wenderadius der Überschallflugzeuge nicht mehr ausreichen.

Der wesentlichste Punkt hierbei ist, daß Überschallflugzeuge mehr Raum auf dem Abfertigungsgelände beanspruchen werden. Ein Ausweg wird hier nur möglich sein, wenn die Flugzeuge nicht mehr mit eigener Kraft rollen.
Die grundsätzliche Anordnung der verschiedenen Versorgungseinheiten am Boden wird voraussichtlich dem heute üblichen System entsprechen. Hierbei können sich aus der großen Höhe der Überschallflugzeuge Schwierigkeiten ergeben. Die verschiedenen Anschlüsse werden nicht mehr ohne Hebebühnen oder Leitern vom Boden aus zu erreichen sein. Es wird daher notwendig sein, die Versorgungseinheiten zum Anlassen der Triebwerke mit Hebebühnen zu versehen, um ein schnelles Lösen dieser Anschlüsse zu ermöglichen [84, S. 937].

[22] Vgl. Tab. 5.

Die Abb. 32 zeigt die Anordnung der Versorgungseinheiten für den Boeingentwurf. Im Abschnitt 3.3 war bereits erläutert worden, daß für die amerikanischen Entwürfe eines Überschallflugzeuges voraussichtlich Treibstoffe höherer thermischer Stabilität und ggf. eine Druckhaltung der Tanks erforderlich sind. Bei einer Betankung durch Hydranten müßten besondere Treibstoffleitungen vorgesehen werden. Die in Abb. 33 geforderte Tankleistung von 1800 bzw. 900 Gallons/min ist mit den bestehenden Anlagen zu erfüllen. So leistet die Unterflur-Tankanlage des Rhein-Main-Flughafens Frankfurt 5000 l/min (1300 U. S. Gal/min) je Schlauch [90].

Für den Überschallverkehr ist es in besonderem Maße notwendig, möglichst kurze Bodenzeiten einzuhalten. Jede Verlängerung der Bodenzeit wirkt sich durch die große Eigengeschwindigkeit dieser Flugzeuge noch ungünstiger auf die Produktivität aus als bei den heutigen Strahlverkehrsflugzeugen. Die Abb. 33 zeigt die Abfertigungszeiten nach Angaben zu Lockheed. Ob der hier angegebene Wert von 47 min nicht doch zu optimistisch ist, wird erst nach dem Einsatz der ersten Überschallflugzeuge zu klären sein.

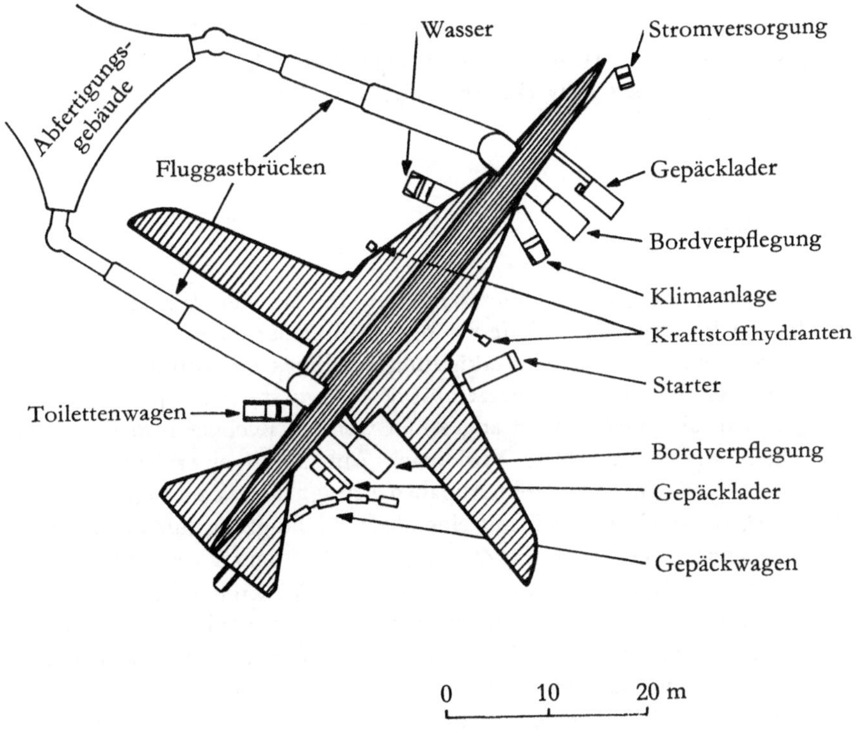

Abb. 32 Vorfeldabfertigung des Boeingentwurfs für ein Überschallverkehrsflugzeug (nach [58])

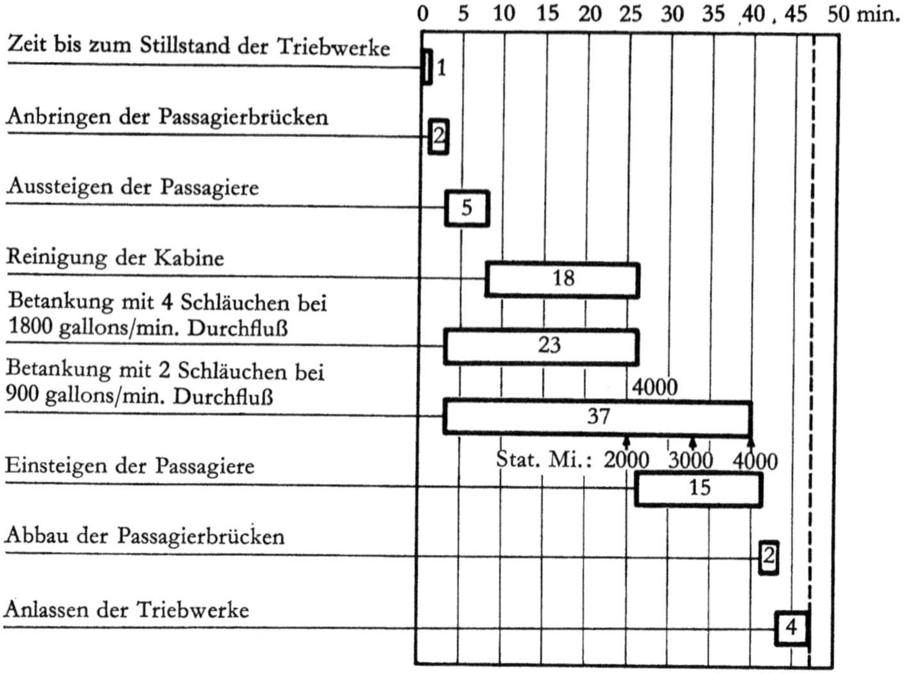

Abb. 33 Zeitplan der Abfertigung des Lockheedentwurfs für ein Überschallverkehrsflugzeug (nach [58])

10.5 Zubringer

Die Gesamtreisezeit eines Fluggastes setzt sich aus der Zubringerzeit von der Stadt zum Flughafen, der Abfertigungszeit und der eigentlichen Blockzeit des Fluges zusammen. Mit einer Verkürzung der Blockzeit wird der Anteil der Abfertigungszeit und der Zubringerzeit für den Fluggast stärker spürbar, zumal diese Zeiten nicht als nutzbringend angesehen werden. Rechnet man für einen Flug zwischen London und New York nach Abb. 3 mit einer Zubringerzeit von 1 Stunde 45 min, nach anderen Angaben beträgt diese Zeit sogar 2 Std. 45 min [91, S. 1], so ist die Flugzeit mit einem Mach 3-Flugzeug nur noch geringfügig länger oder sogar kürzer als die Zubringerzeit. Lundberg kommt dadurch zu der Überzeugung, daß für Entfernungen unter 2000 Meilen der Sinn des Überschallverkehrs fraglich wird [92, S. 36]. Es wird daher notwendig sein, bis zum Einsatz der Überschallflugzeuge das Zubringersystem wesentlich zu beschleunigen. Die Verkehrsbelastung der Straßen wird in der Zukunft noch stärker werden. Eine Verkürzung der Zubringerzeiten ist daher nur durch den Ausbau von besonderen Verkehrswegen zu den Flughäfen möglich. Die Ausgestaltung dieser Verkehrswege wird von den Gegebenheiten der einzelnen Flughafenstädte abhängen. Hand in Hand mit einer Verkürzung der Zubringerzeiten muß eine Verbesserung der Passagierabfertigung gehen. Wenn heute Bemühungen im Gange sind, für Kurzstrecken die Abfertigungszeiten herabzusetzen, muß berücksichtigt werden, daß mit der Einführung der Überschallverkehrsflugzeuge alle Strecken zu »Kurzstrecken« werden.

11. Die Kosten des Überschallverkehrs

11.1 Die Entwicklungskosten und der Preis der Überschallflugzeuge

Die Entwicklung eines Überschallflugzeuges wird so hohe Summen erfordern, daß die Industrie allein nicht mehr in der Lage ist, die erforderlichen Mittel aufzubringen. Die Entwicklungskosten der amerikanischen Entwürfe eines Überschallflugzeuges werden mit 1000 Millionen US-$ veranschlagt. Von dieser Summe will die Regierung der USA 750 Mill. $ aufbringen, die restlichen 250 Mill. $ sind von den Herstellern selbst zu tragen [93, S. 39]. Für die Concorde waren ursprünglich Entwicklungskosten in Höhe von 500 Mill. $ veranschlagt worden [94, S. 42]. In der letzten Zeit mehren sich aber die Pressemeldungen, daß diese Summe nicht eingehalten werden kann und mit Entwicklungskosten in der Höhe der amerikanischen Projekte zu rechnen ist [95, S. 1].
Als Anschaffungspreis werden von den Concorde-Herstellern in jüngster Zeit 13,5 Mill. US-$ angegeben [58, S. 28]. Lockheed rechnet für seinen Entwurf mit einem Preis von 30 bis 40 Mill. US-$ [58, S. 42].

11.2 Die Betriebskosten

Im Verlaufe der bisherigen Darlegungen hatte sich gezeigt, daß bis zum Einsatz der Überschallflugzeuge noch eine ganze Reihe von technischen Fragen zu lösen sind. Grundsätzlich kann aber gesagt werden, daß die technische Verwirklichung des Überschallfluges möglich ist. Das beweisen schon die jüngsten militärischen Entwicklungen in den USA.
Ungeklärt sind noch der Einfluß des Überschallknalls und, trotz aller Versicherung der Hersteller, die Wirtschaftlichkeit des Überschallverkehrs. Zur Frage der Betriebskosten ist eine derartige Fülle von Veröffentlichungen erschienen, daß daraus schon hervorgeht, welche Bedeutung diesem Problem beigemessen wird.
Im Folgenden soll nur auf die direkten Betriebskosten eingegangen werden, die Abschreibung, Versicherungen, Besatzungskosten, Wartungs- und Überholungskosten, Start- und Landegebühren und Betriebsstoffkosten umfassen.
Auf der 20. Generalversammlung der IATA in Bogota im September 1964 wurden von den Herstellern der Concorde und von Lockheed die in Tabelle 11 und 12 zusammengefaßten Angaben zu den direkten Betriebskosten ihrer Entwürfe von Überschallflugzeugen gemacht [58]. Die Daten von Lockheed erscheinen, trotz der 221 Sitzplätze des Entwurfs, zu optimistisch.

Tab. 11 Direkte Betriebskosten der Concorde für verschiedene Streckenlängen bei 10 Std. täglicher Einsatzdauer und 118 Sitzplätzen
(nach [58])

Streckenlänge (statute miles)	Direkte Betriebskosten (Cent/Sitzplatzmeile)
1	2
1000	2,2
2500	1,7
3500	1,6

Tab. 12 Direkte Betriebskosten des Lockheed-Entwurfs für ein Überschallflugzeug für verschiedene Streckenlängen bei 221 Sitzplätzen
(nach [58])

Streckenlänge (statute miles)	Direkte Betriebskosten (Cent/Sitzplatzmeile)
1	2
1000	1,5
2500	0,9
3500	0,9

Boeing glaubt mit seinem verbesserten Entwurf ähnlich günstige Werte erreichen zu können. So werden für eine mittlere Streckenlänge von 1455 stat. mi. im inneramerikanischen Verkehr 1,18 Cent/Sitzplatzmeile und für internationale Dienste 1,04 Cent/Sitzplatzmeile angegeben [96, S. 32].
Die Schätzungen der direkten Betriebskosten durch die Hersteller gehen von der heute mit Unterschallstrahlverkehrsflugzeugen erreichten Ausnutzung aus. Die Erfahrung aller Luftverkehrsgesellschaften zeigt aber, daß die Flugzeugausnutzung mit sinkender Flugzeit abnimmt [97, S. 555]. Durch die Ortszeitverschiebung auf den Strecken von Ost nach West oder umgekehrt wird der verkehrsgünstige Einsatz dieser Flugzeuge noch schwieriger. Nach Angaben von Simon sind auf der Strecke Frankfurt–New York mit einer Boeing 707 in 24 Stunden 1,04 Umläufe möglich, für ein Mach 3-Flugzeug gibt Simon 2,0 Umläufe an [97, S. 554]. Dabei ergeben sich aber für das Überschallflugzeug zum Teil sehr späte bzw. frühe Abflugzeiten. Die Abb. 34 zeigt die beiden Umlaufpläne. Selbst unter der Annahme, daß auch die ungünstig gelegenen Flüge noch gut ausgelastet sind, ist das Mach 3-Flugzeug doch schlechter ausgenutzt als die Boeing 707. Nach Abb. 34 benötigt das Mach 3-Flugzeug für die Strecke 3,3 Stunden, die Boeing 707 hat eine Flugzeit von 8,6 Stunden. Um eine gleiche Ausnutzung zu

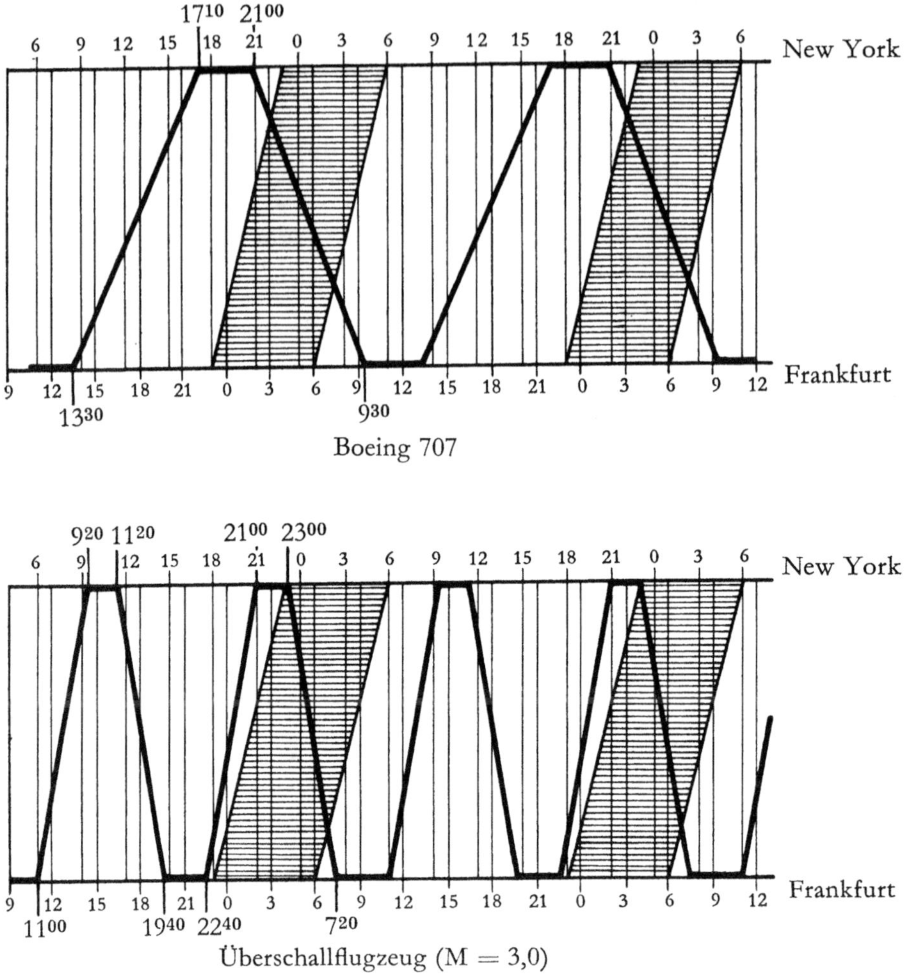

Abb. 34 Beispiel eines Nordatlantik-Umlaufplans zwischen Frankfurt und New York für die Boeing 707 und ein Mach 3-Überschallverkehrsflugzeug (nach [97, S. 554])

erreichen, müßte danach das Überschallflugzeug für diese Strecke 2,6mal so viel Umläufe machen wie die Boeing 707. Weiter oben hatte sich aber ergeben, daß mit dem Mach 3-Flugzeug nur etwa 2mal soviel Umläufe möglich sind. Die Ausnutzung des Überschallflugzeuges ist danach für diese Strecke um 33% geringer als die des Unterschallstrahlverkehrsflugzeuges.

Vom Stanford Research Institute (SRI) wurde eine sehr ausführliche Untersuchung der Wirtschaftlichkeit des Überschallverkehrs durchgeführt, in der die oben erwähnte geringere Ausnutzung dieser Flugzeuge berücksichtigt wird [44]. Um einen Vergleich mit den bestehenden Flugzeugen zu ermöglichen, gibt das SRI auch die direkten Betriebskosten für ein Unterschallstrahlverkehrsflugzeug an. Für die einzelnen Flugzeugmuster trifft das SRI folgende Annahmen über Ausnutzung und Sitzplatzzahl [44, IV-8f.]:

a) Unterschallstrahlverkehrsflugzeug
   3000 Std./Jahr Ausnutzung; für Strecken von 1000 und
   2500 stat. mi. (domestic) 189 Sitze,
   für Strecken von 3500 stat. mi. (international) 179 Sitze.

b) Concorde
   2750 Std./Jahr Ausnutzung; für Strecken von 1000 und
   2500 stat. mi. (domestic) 118 Sitze,
   für Strecken von 3500 stat. mi. (international) 108 Sitze.

c) Mach 3-Überschallverkehrsflugzeug
   2500 Std./Jahr Ausnutzung; für Strecken von 1000 und
   2500 stat. mi. (domestic) 160 Sitze,
   für Strecken von 3500 stat. mi. (international) 140 Sitze.

Die Kostenschätzungen des SRI sind in Tab. 13 zusammengefaßt. Vergleicht man diese Werte mit denen aus Tab. 11 und 12, ergibt sich, daß die Schätzungen des

Tab. 13 Direkte Betriebskosten für ein Unterschallstrahlverkehrsflugzeug, die Concorde und ein Mach 3-Überschallverkehrsflugzeug für verschiedene Streckenlängen (nach [44, IV-18f.])

Streckenlänge (statute miles)	Direkte Betriebskosten (Cent/Sitzplatzmeile)		
	Unterschall-verkehrsflugzeug	Concorde	Mach 3-Überschall-verkehrsflugzeug
1	2	3	4
1000	1,01	1,69	2,28
2500	0,92	1,28	1,65
3500	1,13	1,56	2,01

SRI für die Concorde sogar günstiger sind. Für das Mach 3-Flugzeug liegen sie wesentlich über den oben angeführten Angaben von Lockheed und Boeing. Das SRI geht allerdings von geringeren Sitzplatzzahlen aus als sie z. B. von Lockheed angegeben werden. Werden die aus Tab. 13 zu entnehmenden Werte auf die Sitzplatzzahl des Lockheed-Entwurfs umgerechnet, ergeben sich für das Mach 3-Flugzeug für den Bereich von 3500 stat. mi. direkte Betriebskosten von 1,28 Cent/Sitzplatzmeile. Auch dieser Wert liegt nach Tab. 13 immer noch um 13,3% höher als die direkten Betriebskosten des Unterschallstrahlverkehrsflugzeuges.
Mögen die Schätzungen des Stanford Research Institute auch zu pessimistisch sein, es erscheint in jedem Falle sehr fraglich, ob die Überschallverkehrsflugzeuge

geringere direkte Betriebskosten haben werden als die heutigen Strahlverkehrsflugzeuge. Es wird noch großer Anstrengungen der Hersteller und Luftverkehrsgesellschaften bedürfen, aus einem technisch guten Überschallverkehrsflugzeug auch ein Flugzeug zu machen, das wirtschaftlich erfolgreich ist. Eine Abwälzung der höheren Betriebskosten auf den Verbraucher wäre ein schlechter Ausweg.
In der o. a. Untersuchung des Stanford Research Institute sind die Ergebnisse einer Befragung enthalten, die am 20. April 1963 auf allen transkontinentalen »non-stop«-Flügen zwischen San Francisco, Los Angeles und New York, Washington durchgeführt wurde. Durch die Befragung sollte die Stellung der Fluggäste zum Überschallverkehr untersucht und die Reaktion auf eventuelle Tariferhöhungen für künftige Überschalldienste erforscht werden. Nach Auswertung der Befragung waren 9 von 10 Passagieren der Touristenklasse bereit, das Überschallflugzeug überhaupt zu benutzen. Fünf von sechs Passagieren waren bereit, für den Flug etwa 10% mehr zu zahlen. Nach einer Parallelbefragung war die Hälfte der Fluggäste der Touristenklasse bereit, eine Tariferhöhung von 50% in Kauf zu nehmen[23]. Dabei muß aber beachtet werden, daß zwei Drittel der befragten Fluggäste der Touristenklasse den Flug nicht selbst bezahlten und daher annahmen, daß ihre Firmen die Tariferhöhung tragen würden, um Nutzen von der Flugzeitverkürzung zu ziehen [44, C-12f.].
Nach einer Befragung des Luftamtes der Schweiz zum gleichen Fragenkomplex waren 48,1% der Fluggäste nicht bereit, für Überschalldienste einen Tarifzuschlag zu zahlen, 35,2% wollten eine Tariferhöhung von 10% in Kauf nehmen, nur 7% der Fluggäste waren bereit, noch höhere Tarifzuschläge zu zahlen, 9,7% der Antworten waren nicht zu verwerten [98].
Während in den USA die Nachfrage etwa in gleichem Maße sinken würde, wie die Tarife steigen, geht aus der Befragung in der Schweiz hervor, daß der größte Teil der Fluggäste nicht bereit ist, eine Tariferhöhung für Überschalldienste zu akzeptieren.

[23] An die Fluggäste wurden verschiedene Fragebogen ausgegeben, in denen eine 10%ige bzw. 50%ige Tariferhöhung vorgeschlagen wurde.

12. Planungsgrundlagen für den zukünftigen Überschallverkehr

12.1 Entwicklung des Luftverkehrsbedarfs

Planungen für künftige Überschallfluglinien können nicht durchgeführt werden, ohne vorher die Entwicklung des Luftverkehrsbedarfs abzuschätzen. Die ausführlichste Untersuchung hierzu wurde in der schon mehrfach erwähnten Arbeit des Stanford Research Institute durchgeführt [44, III-1 f.]. Das SRI schätzt, daß der planmäßige Luftverkehr der freien Welt von 67 Milliarden Passagiermeilen im Jahre 1960 auf 229 Milliarden Passagiermeilen im Jahre 1975 anwächst. Dabei wird die jährliche Zunahme mit zunächst 10% angenommen. Im Laufe des untersuchten Zeitraums sinkt sie auf 7% ab. Nach Angaben des SRI ergibt sich bei einem Vergleich mit anderen Schätzungen folgendes Bild:

Tab. 14 *Vergleich der Schätzungen des Stanford Research Institute über die Entwicklung des planmäßigen Luftverkehrsbedarfs der freien Welt mit anderen Voraussagen* (nach [44, III-1])

Organisation und Jahr der Schätzung	Luftverkehrsbedarf des planmäßigen Luftverkehrs der freien Welt (Millionen Passagiermeilen) 1965	1970	1975
1	2	3	4
Stanford Research Institute (1962)	107 535	159 361	228 745
Boeing (1961)	117 000	171 000	226 000
Canadair (1956)	105 300	147 200	—
Convair (1957)	110 213	156 395	—
ICAO (1960)	—	136 700	—
Horizon (1961)	105 000	137 000	—

Bis zum Jahre 1975 geht nur noch die Voraussage von Boeing. Sie stimmt mit der des SRI sehr gut überein. Für das Jahr 1970 beträgt die maximale Abweichung der anderen Voraussagen von der Schätzung des SRI + 7,5% (Boeing), bzw. — 14% (ICAO).

Die Vorhersage des Stanford Research Institute für die einzelnen Regionen ist aus Tab. 15 zu entnehmen. Eine Aufteilung auf die verschiedenen Entfernungsbereiche zeigt Tab. 16. Ein Vergleich der Spalten 3 und 12 in Tab. 15 ergibt, daß das SRI für den Inlandverkehr der USA wesentlich geringere Steigerungsraten

Tab. 15 Schätzung des planmäßigen Luftverkehrsbedarfs der freien Welt für verschiedene Regionen für die Jahre 1968–1975 (nach [44, III-2]

	Luftverkehrsbedarf (Milliarden Passagiermeilen)									
Region	1960	1960 % des Weltbedarfs	1968	1969	1970	1971	1972	1973	1974	1975	1975 % des Weltbedarfs
1	2	3	4	5	6	7	8	9	10	11	12
USA Inland	33,1	49,08	52,8	55,7	58,8	62,0	65,3	69,1	72,9	77,0	33,65
Kanada	2,0	2,93	3,9	4,1	4,3	4,6	4,9	5,2	5,5	5,8	2,55
Europa	8,0	12,00	20,9	23,1	25,3	27,8	30,1	32,2	34,3	36,3	15,88
Latein-Amerika	3,9	5,72	7,4	8,0	8,7	9,4	10,2	11,1	12,1	13,1	5,72
Asien Inland	2,7	4,06	6,8	7,6	8,5	9,5	10,6	11,8	13,0	14,3	6,23
Atlantik	8,0	11,94	19,7	21,4	23,2	25,2	27,1	28,9	30,6	32,4	14,18
Pazifik	1,7	2,51	5,7	6,4	7,1	7,8	8,5	9,3	10,1	11,0	4,81
Nord-Amerika –Latein-Amerika	2,7	4,07	5,9	6,5	7,1	7,8	8,6	9,5	10,4	11,4	5,00
Andere	5,2	7,69	13,0	14,6	16,3	18,3	20,3	22,6	25,0	27,4	11,98
Gesamt:	67,3	100,00	136,1	147,4	159,3	172,4	185,6	199,9	213,9	228,7	100,00

Tab. 16 Schätzung des planmäßigen Luftverkehrsbedarfs der freien Welt für verschiedene Entfernungsbereiche
(nach [44, III-3])

Entfernungsbereich (statute miles)	Luftverkehrsbedarf (in Milliarden Passagiermeilen)			
	1962	1970	1973	1975
1	2	3	4	5
über 4300	3,5	8,4	11,2	13,3
2900–4300	15,5	34,0	43,3	49,8
1900–2900	10,2	20,5	26,1	30,5
900–1900	14,1	26,9	33,9	39,2
Zwischensumme:	42,3	89,8	114,5	132,8
500–900	14,7	23,5	28,8	32,8
unter 500	24,1	46,1	56,3	63,1
Gesamt:	81,1	159,3	199,7	228,7

annimmt als für die übrigen Regionen. Gegenüber dem Jahre 1960 soll sich der Luftverkehrsbedarf im USA-Inlandverkehr bis zum Jahre 1976 auf das 2,3fache erhöhen, für die Atlantikstrecke wird eine Erhöhung auf das Vierfache angenommen. Die größte Steigerungsrate nimmt das SRI für den Pazifikverkehr an. Gegenüber 1960 soll sich bis 1975 der Luftverkehrsbedarf für diese Region auf das 6,5fache erhöhen. Da sowohl die Atlantikstrecken als auch die Pazifikstrecken für den Betrieb durch Überschallflugzeuge besonders geeignet sind – das noch ungelöste Problem des Überschallknalles ist hier weniger kritisch – ist diese Entwicklung für eine Einführung des Überschallverkehrs günstig.

Aus Tab. 16 ist zu entnehmen, daß der Luftverkehrsbedarf nach den Schätzungen des SRI für den Streckenbereich über 900 stat. mi. bis 1975 stärker steigt als für den Bereich unter 900 stat. mi. Im Jahre 1962 sollte der Luftverkehrsbedarf für die Strecken über 900 stat. mi. 52% des Gesamtbedarfs ausmachen, im Jahre 1975 soll dieser Anteil auf 58% steigen. Die größten Steigerungen ergeben sich dabei für die Entfernungsbereiche über 1900 stat. mi. Auch diese Entwicklung ist für eine Einführung des Überschallverkehrs günstig.

Das Stanford Research Institute rechnet für das Jahr 1973 mit einem Verkehrspotential für Überschallflugzeuge von 86,8 Milliarden Passagiermeilen oder 43% des gesamten Weltmarktes [44, III-15]. Zur Deckung dieses Bedarfs sind 325 Mach 3-Überschallflugzeuge oder 378 Mach 2-Überschallflugzeuge notwendig [44, VI-4]. Sollte der Überschallverkehr wegen des Überschallknalls über dem Festland nicht möglich sein, würde sich die Zahl der benötigten Mach 3-Flugzeuge auf 185, die Zahl der Mach 2-Flugzeuge auf 220 erniedrigen [44, VI-5]. Das SRI untersuchte auch den Bedarf der einzelnen Luftverkehrsgesellschaften.

Danach soll die Deutsche Lufthansa im Jahre 1973 einen Anteil von 4,9 Milliarden Passagiermeilen am Weltmarkt haben. Nach Tab. 15, Spalte 9, sind das 2,5%. Auf das Potential des Überschallverkehrs entfallen davon 3,7 Milliarden Passagiermeilen oder 4,25% des Weltpotentials für den Überschallverkehr. Die Deutsche Lufthansa würde danach 14 Mach 3-Flugzeuge oder 16 Mach 2-Flugzeuge benötigen [44, A-33].

12.2 Planungen für Überschallfluglinien

Um einen Überblick über die Planungen für Überschallfluglinien zu erhalten, wurden im Sommer 1964 vom Institut für Flugführung und Luftverkehr alle

Tab. 17 Optionen der Luftverkehrsgesellschaften für Überschallflugzeuge[24] (nach [99], [101], [102], [103])

Nr.	Luftverkehrsgesellschaft	Zahl der Optionen für Überschallflugzeuge USA-SST	Concorde
1	2	3	4
1	Aeronaves de Mexico	2	–
2	Air France	6	8
3	Air India	3	2
4	Alitalia	6	–
5	American	6	6
6	BOAC	6	8
7	Braniff	2	–
8	Canadian Pacifik	3	–
9	Continental	–	3
10	Delta	3	–
11	Deutsche Lufthansa	3	–
12	El Al	2	–
13	Iberia	3	–
14	Irish International	2	–
15	Japan Airlines	5	–
16	KLM	3	–
17	Middle East	–	2
18	North West	4	–
19	Pan American	15	6
20	Pan American Grace	2	–
21	Trans American	2	–
22	Trans World Airlines	10	6
23	Quantas	6	4
		94	45

[24] Stand Anfang Februar 1965.

Luftverkehrsgesellschaften angeschrieben, die bereits Optionen für Überschallverkehrsflugzeuge abgegeben haben. In Tab. 17 sind die Optionen zusammengestellt. Danach haben bisher 23 Luftverkehrsgesellschaften für insgesamt 139 Flugzeuge optiert. Auf das amerikanische Projekt entfallen dabei 94, auf die Concorde 45 Bestellungen. Von den 23 Luftverkehrsgesellschaften antworteten 13, d. h. 56,5%. In drei der Antworten wird angegeben, daß beim derzeitigen Stand der Entwicklung noch keine Angaben zu Planungen für Überschallfluglinien gemacht werden können. Alle anderen Luftverkehrsgesellschaften sehen für den ersten Einsatz der Überschallflugzeuge die jetzigen Weitstrecken der Unterschallstrahlverkehrsflugzeuge vor.

Hierzu gehören vor allem die Nordatlantikroute, die Polarroute und Verbindungen zwischen der Ost- und Westküste der USA. Genauere Planungsunterlagen werden erst zu einem späteren Zeitpunkt zu erstellen sein. Bisher ist über die Einsatzmöglichkeiten der Überschallflugzeuge, z. B. auf Mittelstrecken, noch zu wenig bekannt.

Es mag die Frage entstehen, ob der Überschallverkehr kommt und ob er kommen sollte. Die Luftfahrt hat bisher davon gelebt, daß sie ein schnelles Verkehrsmittel zu bieten hat. Eine Erhöhung der Fluggeschwindigkeit von Mach 0,8 auf Mach 2,2 oder Mach 3 läßt die Entfernungen auf der Erde noch mehr zusammenschrumpfen. Der Austausch und auch das Verstehen der Menschen untereinander wird damit erleichtert. Daher wird der Überschallverkehr kommen, trotz aller noch zu lösenden technischen Schwierigkeiten. Der Fortschritt läßt sich nicht aufhalten. Schon zeichnen sich Konzeptionen ab, die den Einsatz von Raumfahrttransportern zur Überwindung transozeaner oder transkontinentaler Entfernungen zum Ziele haben.

Literaturverzeichnis

[1] Hibbard, Hall L., Der Überschallflug – Rückblick und Ausblick. In: Starten und Fliegen, Das Buch der Luftfahrt und Raumfahrt, Band V (1960). Hrsg.: O. Fuchs, W. v. Gronau, E. Sänger.

[2] Das Überschall-Verkehrsflugzeug, Probleme – Projekte – Prognosen. Interavia 10/1961.

[3] Neues vom französisch-britischen Überschallverkehrsflugzeug »Concorde«. Luftfahrttechnik – Raumfahrttechnik, Band 10 (1964), Nr. 6.

[4] Sutcliffe, P. L., The General Problem (in Supersonic Engineering). In: Supersonic Engineering. Hrsg.: J. T. Henshaw (1962).

[5] Federal Aviation Agency, Agreement SRDS – A – 178. Project No. 206 – 3 R (1963).

[6] Institut für Meteorologie und Geophysik der Freien Universität Berlin, Tägliche Wetterkarten des 100-mb- und 50-mb-Niveaus.

[7] Walmsley, S., The Noise Problem (in Supersonic Engineering). In: Supersonic Engineering. Hrsg.: J. T. Henshaw (1962).

[8] Das französisch-britische Überschallverkehrsflugzeug »Concorde«. Luftfahrttechnik – Raumfahrttechnik, Band 9 (1963), Nr. 10.

[9] Concorde erhält größere Reichweite. Flugwelt Information, XIII. Jahrgang (1964), Nr. 15.

[10] The Concorde SST. Space/Aeronautics, April 1964.

[11] Präsident Johnson genehmigt SST-Entwicklungsaufträge. Interavia Luftpost Nr. 5498, 21. Mai 1964.

[12] Boeing, Lockheed oder North American? – Drei Projekte im Wettstreit. Interavia 3/1964.

[13] US-Überschallverkehrsflugzeug vor neuen Hindernissen. Interavia 6/1964.

[14] Amerikas Überschall-Verkehrsflugzeuge NAC-60, Lockheed CL-823, Boeing 733. Deutscher Aerokurier 4/1964.

[15] Boeing 733. Flug-Revue 6/1964.

[16] The Supersonic Transport. Space/Aeronautics 4/1964.

[17] Lockheed SST Features Double-Delta Wing Drooped Nose. Aviation Week & Space Technology, March 23, 1964.

[18] Variable-Sweep Wing Keynotes Boeing 733 SST Proposal. Aviation Week & Space Technology, May 4, 1964.

[19] Boeing und Lockheed reichen neue SST-Entwürfe ein. Interavia Luftpost Nr. 5616, 4. November 1964.

[20] Jane's All the World's Aircraft, 1960/61.

[21] Whitten, S. B., C. W. Harper und D. R. Bellmann, Supersonic Transport Piloting and Operational Problems. IATA Conf. 14, Symposium on Supersonic Air Transport, WP-SYMP/27 (1961).

[22] HOLM, R. S., JAMES M. COPELAND und JOSEPH K. POWER, Problem of Accomodating the Operation of Supersonic Transports from the Standpoint of Air Navigation and Air Traffic Control. IATA Conf. 14, Symposium on Supersonic Air Transport, WP-SYMP/21 (1961).

[23] EDWARDS, SIR GEORGE, Progress with the Concorde (Part 2). Shell Aviation News, Number 311, 1964.

[24] POLHEMUS, WILLIAM L., The Navigation and Control of Supersonic Aircraft. Navigation, The Journal of the Institute of Navigation, Vol. 15, No. 2 (1962).

[25] Federal Aviation Agency, Request for Proposals for the Development of a Commercial Supersonic Transport (1963).

[26] Lockheed Aircraft Corporation, Aviation's new Frontier – the Supersonic Transport. IATA Conf. 14, Symposium on Supersonic Air Transport, WP-SYMP/42 (1961).

[27] ABZUG, MALCOLM S., High-Speed Stability and Control Problems as they affect Flight testing. AGARD Report 120 (1957).

[28] International Federation of Air Line Pilots Associations. Report of the Symposium on Supersonic Transport (1963).

[29] SCHÄFFLER, H., Problem der Stabilität und Steuerbarkeit von Überschallflugzeugen. Luftfahrttechnik – Raumfahrttechnik, Band 10 (1964), Nr. 5.

[30] ARNALL, J., Stability and Control (in Supersonic Engineering). In: Supersonic Engineering. Hrsg.: J. T. Henshaw (1962).

[31] Assessment of SST Fuel Reserves remains »relatively empirical«. The Aeroplane and Commercial Aviation News, May 14, 1964.

[32] Aviation Technical Service Committee, American Petroleum Institute, Fuel and Lubricant for the Supersonic Transport. IATA Conf. 14, Symposium on Supersonic Air Transport, WP-SYMP/24 (1961).

[33] Shell International Petroleum Company, Fuels for Supersonic Civil Aircraft. IATA Conf. 14, Symposium on Supersonic Air Transport, WP-SYMP/8 (1961).

[34] WOODS, R. ERIC, und CHARLES, L. BLAKE, Supersonic Aircraft – automated Maintenance and Economy. IATA Conf. 14, Symposium on Supersonic Air Transport, WP-SYMP/4 (1961).

[35] Arbeitsgemeinschaft Deutscher Verkehrsflughäfen e.V. (ADV), Auswirkungen der Einführung von Überschallflugzeugen in den gewerblichen Luftverkehr, Nachträge 1 und 2. ICAO Doc. 8087-C/925, Dezember 1961 – Juni 1962.

[36] CHAPLIN, J. C., Safety and Airwothiness Aspects (in Supersonic Engineering). In: Supersonic Engineering. Hrsg.: J. T. HENSHAW (1962).

[37] HOEKSTRA, HAROLD D., Airworthiness and Certification of the Supersonic Transport. IATA Conf. 14, Symposium on Supersonic Air Transport, WP-SYMP/22 (1961).

[38] LUNDBERG, Bo K. G., Speed and Safety in Civil Aviation, Part III, Speed versus Safety. FFA Report 96 (1964).

[39] EDWARD, SIR GEORGE, Concorde Progress. Aircraft Engineering, Vol. XXXVI, No. 4 (1964).

[40] GRACEY, WILLIAM, Survey of Altitude – Measuring Methods for the Vertical Seperation of Aircraft. NASA Technical Note D-738 (1961).

[41] RÄNIKE, G., Flugwege geringsten Zeitbedarfs und Flugwege geringsten Betrages der Eigengeschwindigkeit. Institut für Flugführung und Luftverkehr der Technischen Universität Berlin, Bericht Nr. 35, Mai 1964.

[42] Deutsche Lufthansa, Bundesanstalt für Flugsicherung, Deutscher Wetterdienst, Betriebsanalyse des Düsenluftverkehrs. Reihe Paper-Jet Nr. 3.

[43] Nelms, Walter P. Jnr., Effects of Temperature Variations on Performance of the SST. Shell Aviations News, No. 315 (1964).

[44] Stanford Research Institute, An economic Analysis of the Supersonic. Transport (1963).

[45] Tecklenburg, Eric H., Celestial Heading References. Navigation, Journal of the Institute of Navigation, Vol. 9, No. 1 (1962).

[46] Willis, D. C., Operational Experience with Doppler. Navigation, Journal of the Institute of Navigation, Vol. 9, No. 3 (1962).

[47] Powell, P. G., und D. C. Willis, Present Navigation Systems and an Estimate of Their Worth for Supersonic Transport Operations. Navigation, Journal of the Institute of Navigation, Vol. 10, No. 1 (1963).

[48] White, Richard N., SST Navigation Systems – Requirements and Capabilities. Navigation, Journal of the Institute of Navigation, Vol. 10, No. 1 (1963).

[49] Polhemus, W. L., Navigating the Supersonic B-58. Navigation, Journal of the Institute of Navigation, Vol. 7, No. 2 and 3 (1960).

[50] Paradiso, M. A., The Navigation Systems for Supersonic Transport Aircraft. Navigation, Journal of the Institute of Navigation, Vol. 8, No. 2 (1961).

[51] Crenshaw, J. H., A Supersonic Navigation System. Navigation, Journal of the Institute of Navigation, Vol. 8, No. 2 (1961).

[52] Hardouin, Jean, Navigation Equipment for Subsonic and Supersonic Long-Range Jet Transports. Navigation, Journal of the Institute of Navigation, Vol. 8, No. 2 (1961).

[53] Klass, J. Philipp, Airline use of Inertial Navigation System. Aviation Week & Space Technology, Nov. 11, 1963.

[54] Pachuta, J. R., und P. J. Holcombe, Intergrated Data System. Navigation, Journal of the Institute of Navigation, Vol. 11, No. 3 (1964).

[55] Bohannon, R. G., NAC-60 SST Navigation and Traffic Control. Navigation, Journal of the Institute of Navigation, Vol. 11, No. 3 (1964).

[56] Whright, Lawrence C., The Air Force Program for improved Flight Instrumentation. WADC Technical Report 56-582 (1956).

[57] Edwards, Sir George, Progress with the Concorde (Part 1). Shell Aviation News, Number 310-1964.

[58] Institut du Transport Aérien, Commercial SST Projects discussed by Manufacturers before IATA. ITA Doc. 64/12-E (1964).

[59] North American Aviation, Inc., The Potential of the Mach 3 Transport. IATA Conf. 14, Symposium on Supersonic Air Transport, WP-SYMP/41 (1961).

[60] Steinkamp, George R., Charles A. Berry and Willard R. Hawkins, Human Factors in Supersonic Air Transport. IATA Conf. 14, Symposium on Supersonic Air Transport, WP-SYMP/30 (1961).

[61] De Groot, Loren E., Navigation and Control from Loran C. Navigation, Journal of the Institute of Navigation, Vol. 11, No. 3 (1964).

[62] Hauteville, T. v., Tacan. In: Funkortungssysteme für Luft- und Seefahrt, Ausschuß für Funkortung, Sonderbücherei der Funkortung. Hrsg.: Leo Brandt (1959).

[63] Polhemus, W. L., The Role of Communications in SST Flight Path Management. Navigation, Journal of the Institute of Navigation, Vol. 10, No. 4/1963.

[64] General Precision, Inc., Air Traffic Control for the Supersonic Transport. IATA Conf. 14, Symposium on Supersonic Air Transport, WP-SYMP/10 (1961).

[65] SEREBRENY, M. S., Meteorological Factors of Supersonic Transport Operation. Navigation, Journal of the Institute of Navigation, Vol. 10, No. 1 (1963).

[66] POLHEMUS, W. L., Problems in the Navigation of Supersonic Aircraft. Shell Aviation News, No. 308 (1964).

[67] The Staff of the Artic Meteorology Research Group, McGill University, Montreal, Studies of the Stratospheric Circulation: 40000–100000 Feet. IATA Conf. 14, Symposium on Supersonic Air Transport, WP-SYMP/29 (1961).

[68] SCHERHAG, R., Meteorologische Faktoren für den Überschallverkehr. In: Sicherheit und Zuverlässigkeit des See- und Luftverkehrs; Ein Überblick über die navigatorischen Möglichkeiten. Deutsche Gesellschaft für Ortung und Navigation e.V., Sonderbücherei der Funkortung. Hrsg.: Leo Brandt (1964).

[69] National Aeronautics and Space Administration (NASA), The Supersonic Transport – A Technical Summary. NASA, Technical Note D-423 (1960).

[70] MORRIS, J., The Shock-Noise from Supersonic Transports in steady Cruising Flight. IATA Conf. 14, Symposium on Supersonic Air Transport, WP-SYMP/46 (1961).

[71] FRISTEDT, KNUT, Intensity of Sonic Booms on the Ground. IATA Conf. 14, Symposium on Supersonic Air Transport, WP-SYMP/14, Appendix B (1961).

[72] LUNDBERG, Bo, Some special Problems connected with Supersonic Transport. IATA Conf. 14, Symposium on Supersonic Air Transport, WP-SYMP/14 (1961).

[73] KÁRMÁN, THEODORE v., Aerodynamik (1956).

[74] JORDAN, E. H., Some Aspects of Shock-Wave Generation by Supersonic Airplanes. AGARD Report 251 (1959).

[75] LUNDBERG, Bo, Preventive Measures against Intolerable Sonic-Boom Disturbances caused by Civil Supersonic Aircraft. FFA Memorandum PE-14 (1962).

[76] LUNDBERG, Bo, Impressions of a Two-Day Sonic-Boom Study in Oklahoma City. FFA Memorandum GD-163 (1964).

[77] Der leidige Überschallknall. Interavia 12/1964.

[78] U. S. Sonic Boom tests in New Mexico. The Aeroplane and Commercial Aviation News, November 26, 1964.

[79] MARSHALL, C. S. R., Problems Involving Human Factors in the Design and Operation of Supersonic Transport Aircraft. In: Human Problems of Supersonic and Hypersonic Flight. Hrsg.: A. Buchanan Barbour, Sir Harold E. Whittingham (1962).

[80] KERSLAKE, D. MCK. and H. L. ROXBURGH, The Cabin Environment in Supersonic Flight. In: Human Problems of Supersonic and Hypersonic Flight. Hrsg.: A. Buchanan Barbour, Sir Harold E. Whittingham (1962).

[81] WRETE, MARTIN, Cosmic Radiation and Mankind. IATA Conf. 14, Symposium on Supersonic Air Transport, WP-SYMP/14, Appendix A (1961).

[82] FOELSCHE, T., Radiation Exposure in Supersonic Transport. IATA Conf. 14, Symposium on Supersonic Air Transport, WP-SYMP/49 (1961).

[83] JACOBI, W., Strahlenschutzpraxis, Teil I Grundlagen (1962).

[84] TREIBEL, W., Flughäfen und Überschallverkehr. Flugwelt, Monatsschrift für Luft- und Raumfahrt, 15. Jahrgang, Heft 11 (1963).

[85] International Civil Aviation Organization, International Standards and recommended Practices. Aerodromes, Annex 14, Second Edition (1953).

[86] Horonjeff, Robert, Airport Requirements for the Supersonic Transport. IATA Conf. 14, Symposium on Supersonic Transport, WP-SYMP/3 (1961).
[87] International Civil Aviation Organization, International Standards and recommended Practices. Aerodromes, Annex 14, Fourth Edition (1964).
[88] Kohl, Friedrich, Moderner Flughafenbau (1956).
[89] Die Concorde wird größer. Interavia 6/1964.
[90] Flugkraftstoff fließt mit 10 atü / Europas modernste Unterflur-Tankanlage. Flughafen-Nachrichten Frankfurt/Main, Frühjahr 1959.
[91] Societe Anonyme Francaise d'Etudes de Gestion, Airport-City Transportation. IATA Conf. 14, Symposium on Supersonic Air Transport, WP-SYMP/53 (1961).
[92] Lundberg, Bo, Speed and Safety in Civil Aviation, Part I Speed. FFA Report 94 (1963).
[93] Wilson, George C., U. S. Supersonic Transport Clears first Big Congressional Hurdle. Aviation Week & Space Technology, Oktober 14, 1963.
[94] Ashlock, James R., Anglo-French Mach 2,2 Transport will have $ 8–9 Million Unit Cost. Aviation Week & Space Technology, January 7, 1963.
[95] Der Concorde-Zwist. Interavia Luftpost Nr. 5616, 4. November 1964.
[96] Watkins, Harold D., SST may cause Route Competition Curb. Aviation Week & Space Technology, November 2, 1964.
[97] Simon, Ernst, Das Überschall-Verkehrsflugzeug – Probleme, Hoffnungen, Sorgen. Umschau in Wissenschaft und Technik, Heft 18, 1964.
[98] Eidgenössisches Luftamt Bern, Die Einstellung des Publikums zum Überschallverkehr (1962).
[99] Quantas bestellt vier Concorde. Flugwelt-Informationen, XIII. Jahrgang, Nr. 13 (1964).
[100] TWA erhöht Concorde Bestellungen auf 6 Einheiten. Flugwelt-Informationen, XIII. Jahrgang, Nr. 15 (1964).
[101] Bestelliste des SST. Flugwelt-Informationen, XIII. Jahrgang, Nr. 23 (1964).
[102] Zwei Concordes für Air India. Flugwelt-Informationen, XIII. Jahrgang, Nr. 30 (1964).
[103] Alitalia bestellt drei weitere amerikanische SST. Flugwelt-Informationen, XIV. Jahrgang, Nr. 5 (1965).
[104] Jane's All the World's Aircraft, 1964/65.

FORSCHUNGSBERICHTE DES LANDES NORDRHEIN-WESTFALEN

Herausgegeben im Auftrage des Ministerpräsidenten Dr. Franz Meyers
von Staatssekretär Prof. Dr. h. c., Dr.-Ing. E. h. Leo Brandt

LUFTFAHRT · FLUGWISSENSCHAFTEN

HEFT 140
Dr.-Ing. G. Hausberg, Essen
Modellversuche an Zyklonen
1955. 62 Seiten, 24 Abb. DM 15,70

HEFT 191
Dr.-Ing. H. Söhngen, Darmstadt
Schwingungsverhalten eines Schaufelkranzes im Vakuum
1955. 24 Seiten, 7 Abb. DM 7,80

HEFT 195
Doz. Dr.-Ing. habil. Edgar Rössger, Köln
Gedanken über einen neuen deutschen Luftverkehr
1955. 342 Seiten, 29 Abb., 122 Tabellen. Vergriffen

HEFT 198
Prof. Dr. Johannes Weissinger, Institut für angewandte Mathematik der Technischen Hochschule Karlsruhe
Zur Aerodynamik des Ringflügels. Die Druckverteilung dünner, fast drehsymmetrischer Flügel in Unterschallströmung
1955. 30 Seiten, 5 Abb., 1 Tabelle. DM 9,—

HEFT 201
Dr.-Ing. E.W. Pleines, Frankfurt a.M.
Die Sicherheit im Luftverkehr
1956. 184 Seiten, 39 Abb., 19 Tabellen. DM 39,45

HEFT 202
Dipl.-Ing. Dietrich Fiecke, Stuttgart-Zuffenhausen
Die Bestimmung der Flugzeugpolaren für Entwurfzwecke. I. Teil: Unterlagen
1956. 206 Seiten, 171 Diagramme. DM 52,—

HEFT 214
Dr.-Ing. Johann Endres, München
Berechnung der optimalen Leistungen, Kraftstoffverbräuche und Wirkungsgrade von Einkreis-Turbolader-Strahltriebwerken am Boden und in der Höhe bei Fluggeschwindigkeiten von 0 bis 2000 km/h
1956. 61 Seiten, 18 Abb., 8 Tabellen. DM 15,40

HEFT 247
Dr. rer. nat. H. Söhngen, Darmstadt
Strömung vor einem Überschall-Laufrad
1956. 23 Seiten, 4 Abb. DM 7,60

HEFT 255
Inge B. v. Schlippe, Mannheim-Neckarau
Strömung von Flüssigkeiten mit temperaturabhängiger Zähigkeit. Kühlung von Öfen
1956. 44 Seiten, 12 Abb., 4 Tabellen. DM 11,70

HEFT 256
Prof. Dr. phil. C. Schmieden und Dipl.-Math. Karlheinz Müller, Darmstadt
Die Strömung einer Quellstrecke im Halbraum – eine strenge Lösung der Navier-Stockes-Gleichungen
1956. 29 Seiten, 9 Abb. DM 8,80

HEFT 279
Dr. rer. nat. Friedrich Keune, Aachen
Der gewölbte und verwundete Tragflügel ohne Dicke in Schallnähe
1956. 30 Seiten, 15 Abb. DM 9,25

HEFT 280
Dipl.-Ing. Jürgen Stelter und Dipl.-Ing. E. Pfende, Laboratorium für Ultrakurzwellentechnik und Ultraschall an der Rhein.-Westf. Technischen Hochschule Aachen
Leiter: Dr. phil. Dr. med. h.c. A. Esau †
Über Störerscheinungen bei Schallgeschwindigkeitsmessungen mittels der Interferometermethode
1956. 29 Seiten, 13 Abb. DM 9,60

HEFT 281
Prof. Dr.-Ing. Karl Lürenbaum, Aachen
Der Meßwagen des Instituts für Maschinen-Dynamik der Deutschen Versuchsanstalt für Luftfahrt (DLV), Aachen
1956. 21 Seiten, 17 Abb. DM 8,60

HEFT 316
Dr. rer. nat. Friedrich Keune, Aachen
Zusammenfassende Darstellung und Erweiterung des Äquivalenzsatzes für schallnahe Strömung
1956. 74 Seiten, 22 Abb. DM 17,90

HEFT 347
Prof. Dr. Siegfried Ruff, Dr. med. Friedrich Kipp, Dr. med. Harald Hansteen und Dipl.-Physiologe Dr. med. Gerhard Müller, Bonn
Untersuchungen zur Frage der Gehörschädigungen des fliegendenPersonals der Propellerflugzeuge
1957. 42 Seiten, 27 Abb., 3 Tabellen. DM 11,10

HEFT 363
Dr.-Ing. Ulrich Domm, Frankenthal (Pfalz)
Über eine Hypothese, die den Mechanismus der Turbulenz-Entstehung betrifft
1956. 15 Seiten, 4 Abb. DM 6,45

HEFT 390
Dr.-Ing. Johann Endres, München, und
Dr.-Ing. Gustav Hiebel, Fürstenfeldbruck
Berechnung der optimalen Leistungen, Kraftstoffverbräuche und Wirkungsgrade von Luftfahrt-Gasturbinen-Triebwerken am Boden und in der Höhe bei Fluggeschwindigkeiten von 0 bis 2000 km/h und vorgegebenen Düsenausströmungsgeschwindigkeiten
1958. 59 Seiten, 16 Abb., z. T. auf Falttafeln, 7 Tabellen. DM 24,90

HEFT 402
Prof. Dr. Werner Linke, Aachen
Die Wärmeübertragung durch Thermopane-Fenster
1958. 29 Seiten, 17 Abb., 2 Tabellen. DM 10,80

HEFT 417
Prof. Dr.-Ing. habil. Edgar Rössger, Direktor des Instituts für Luftfahrzeugführung und Luftverkehr, Technische Universität Berlin
I. Teil: Die Entwicklung des Weltluftverkehrs, Ergänzungsbericht 1954
II. Teil: Die zivile Luftfahrtpolitik der Vereinigten Staaten von Amerika
1957. 220 Seiten, 7 Abb., 83 Tabellen. DM 48,—

HEFT 418
O. Gdaniec, Essen
Über die Randlochkarte als Hilfsmittel in der Dokumentation. Die grundsätzlichen Möglichkeiten ihrer Ausnutzung und eine Anwendung für die Luftfahrtforschung
1957. 36 Seiten, 15 Abb., 8 Tabellen. DM 10,10

HEFT 425
Dipl.-Ing. Hans Lüpke, Institut für Turbomaschinen der Rhein.-Westf. Technischen Hochschule Aachen
Leiter: Prof. Dr.-Ing. Karl Leist
Gasturbinen und Strahlantriebe für Hubschrauber (Stand Juni 1956)
1958. 107 Seiten, 70 Abb., 9 Falttafeln, 2 Tabellen. DM 30,40

HEFT 462
Prof. Dr. Johannes Weissinger, Karlsruhe
Zur Aerodynamik des Ringflügels – II. Die Ruderwirkung – III. Der Einfluß der Profildicke
1957. 71 Seiten, 12 Abb., 10 Tabellen. DM 18,20

HEFT 470
Dr.-Ing. Ottmar Wehrmann, Berlin
Hitzdrahtmessungen in einer aufgespaltenen Kärmänschen Wirbelstraße
1957. 31 Seiten, 14 Abb., 4 Tabellen. DM 10,90

HEFT 471
Prof. Dr. phil. habil. A. Naumann,
Dr.-Ing. A. Heyser und
Dr. phil. Dipl.-Ing. W. Trommsdorf, Aachen
Gemeinsamer Bericht des Aerodynamischen Instituts der Rhein.-Westf. Technischen Hochschule Aachen und des Instituts für angewandte Gasdynamik der DVL, Aachen
1957. 34 Seiten, 20 Abb. DM 11,—

HEFT 481
Privatdozent Oberbaurat
Prof. Dr.-Ing. Walther Meyer zur Capellen, Aachen
Fünf- und sechspunktige Geradführung in Sonderlagen des ebenen Gelenkvierecks
1958. 62 Seiten, 35 Abb., 1 Tabelle. DM 18,80

HEFT 487
Prof. Dipl.-Ing. Walter Blume, Ingenieur-Büro für Leichtbau und Strömungstechnik, Duisburg-Ruhrort
Festigkeitseigenschaften kombinierter Leichtbaustoffe im Hinblick auf die Verkehrstechnik, insbesondere des Flugzeugbaus
1958. 88 Seiten, 31 Abb., 2 Tabellen. DM 25,50

HEFT 489
Dipl.-Math. Karlheinz Müller, Darmstadt
Strenge Lösungen der Navier-Stokes-Gleichung für rations-symmetrische Strömungen
1957. 53 Seiten, 23 Abb. DM 14,85

HEFT 493
Prof. Dr. phil. habil. Alexander Naumann und Dipl.-Ing. Heinz Pfeiffer, Aerodynamisches Institut der Rhein.-Westf. Technischen Hochschule Aachen
Leiter: Prof. Dr.-Ing. F. Seewald
Versuche an Wirbelstraßen hinter Zylindern bei hohen Geschwindigkeiten
1958. 32 Seiten, 19 Abb. DM 11,65

HEFT 577
Prof. Dr. med. Siegfried Ruff, Dr. med. Kurt Krieger, Dr. med. Gerhard Schäfer, Dr. med. Wolfgang Hartwich, Dr. med. Otto Wünsche, Dr. med. Hans Braun und Dr. med. Harald Hansteen, Bonn
Untersuchungen zur therapeutischen Anwendung des Sauerstoffmangels. 1. Mitteilung
1958. 118 Seiten, 30 Abb., 8 Tabellen. DM 29,10

HEFT 578
Dr.-Ing. Günther Fellner, Aachen
Der Einfluß der Fluggeschwindigkeit auf die Wirtschaftlichkeit von Strahltriebwerken und Raketen
1958. 59 Seiten, 9 Abb. DM 15,—

HEFT 647
Deutsche Studiengemeinschaft Hubschrauber e. V., Stuttgart-Flughafen
Bearbeiter: W. Just, H. Dathe, H. Georgi, G. Reichert
Lastenhubschrauber L-41 und L-51 für 4000 kg Nutzlast
Teil I: Entwurfsgesichtspunkte, Auslegung und Baubeschreibung, Leistungsrechnungen
1959. 120 Seiten, 93 Abb. DM 31,80

HEFT 648

Deutsche Studiengemeinschaft Hubschrauber e. V., Stuttgart-Flughafen

Bearbeiter: W. Just, H. Dathe, H. Georgi, G. Reichert

Lastenhubschrauber L-41 und L-51 für 4000 kg Nutzlast

Teil II: Gewichte, Festigkeitsnachweis, Kräfte und Momente am Rotor

1959. 118 Seiten, 95 Abb., 21 Tabellen. DM 33,20

HEFT 649

Deutsche Studiengemeinschaft Hubschrauber e. V., Stuttgart-Flughafen

Bearbeiter: W. Just, H. Dathe, H. Georgi, G. Reichert

Lastenhubschrauber L-41 und L-51 für 4000 kg Nutzlast

Teil III: Steuerungs- und Stabilitätsuntersuchungen. Schwingungsbeanspruchung von Rotorblättern, Konstruktionsvorschläge

1959. 78 Seiten, 31 Abb., 4 Falttafeln. DM 22,60

HEFT 725

Prof. Dr.-Ing. Edgar Rössger und Dipl.-Ing. Hans-Friedrich Fischer, Institut für Luftfahrzeugführung und Luftverkehr der Technischen Universität Berlin

Feststellung, Ortung und Verfolgung radioaktiver Wolken und deren Einfluß auf die Funkortung

1959. 97 Seiten, 38 Abb., 7 Tabellen. DM 24,50

HEFT 785

Dipl.-Ing. Manfred Neumann, Mülheim/Ruhr

Zur quantitativen Auswertung von Schlierenbildern rotationssymmetrischer Strömungen

1961. 52 Seiten, 6 Abb., 6 Tabellen. DM 15,30

HEFT 787

Dipl.-Ing. Gert Winterfeld, Essen

Ähnlichkeitskennzahlen bei Verbrennungsvorgängen in Brennkammern von Strahltriebwerken

1959. 40 Seiten. DM 10,80

HEFT 836

Dipl.-Met. Heinrich Borchardt, Essen

Physikalisch-technische Grundlagen der meteorologischen Anwendung von Radar nach Erfahrungen mit der Wetterradaranlage des Instituts für Mikrowellen in der Deutschen Versuchsanstalt für Luftfahrt e. V., Mülheim/Ruhr

1960. 139 Seiten, 59 Abb., 4 Tabellen, 4 Tafeln, 5 Bildserien. DM 39,90

HEFT 881

Prof. Dr.-Ing. Edgar Rössger, Technische Universität Berlin

Die Entwicklung des Weltluftverkehrs bis 1957/58

1960. 166 Seiten, 9 Abb., 89 Tabellen. DM 46,50

HEFT 882

Prof. Dr.-Ing. Edgar Rössger, Technische Universität Berlin

Luftverkehr und Spedition

1960. 56 Seiten, 1 Tabelle. DM 14,50

HEFT 990

Dr.-Ing. Frieder Voigt, Aerodynamisches Institut der Rhein.-Westf. Technischen Hochschule Aachen

Vorgänge beim Start einer Überschallströmung

1961. 36 Seiten und 32 Seiten Bildanhang. DM 23,20

HEFT 991

Dipl.-Ing. Werner Preukschat, Aerodynamisches Institut der Rhein.-Westf. Technischen Hochschule Aachen

Beschreibung eines Druckmeßgerätes, das zur Messung geringer Druckschwankungen bei hohen Frequenzen geeignet ist

1961. 22 Seiten, 14 Abb., 2 Tabellen. DM 8,80

HEFT 997

Max Römer, Sternwarte der Universität Bonn

Modell der Exosphäre im Höhenbereich 1000–1700 km, berechnet aus Bahnänderungen des Satelliten Echo I

1961. 34 Seiten, 7 Abb., 3 Tabellen. DM 10,60

HEFT 1018

Prof. Dr. Hubert Cremer, Institut für Mathematik und Großrechenanlagen der Rhein.-Westf. Technischen Hochschule Aachen

Prof. Dr. rer. nat. Georg Schmitz, Physikalisches Institut der Rhein.-Westf. Technischen Hochschule Aachen

Geschwindigkeitskorrekturen in Windkanälen mit geschlossener und offener Meßstrecke bei kompressibler Unterschallströmung

1961. 79 Seiten, 44 Abb. DM 24,10

HEFT 1088

Dipl.-Ing. Volkmar Wilckens, Lehrstuhl für Luftfahrt der Rhein.-Westf. Technischen Hochschule Aachen

Erstellung eines Verfahrens zur Ermittlung der Güte von Verkehrsflugzeugen. Teil I und II

1962. 82 Seiten, 7 Abb., 8 Tabellen. DM 38,80

HEFT 1100

Prof. Dr.-Ing. Edgar Rössger und Dipl.-Ing. Heinz Zehle, Institut für Luftfahrzeugführung und Luftverkehr der Technischen Universität Berlin

Feststellung, Ortung und Verfolgung radioaktiver Wolken und deren Einfluß auf die Funkortung II

1962. 67 Seiten, 11 Abb. DM 36,20

HEFT 1134

Prof. Dr.-Ing. Edgar Rössger, Institut für Luftfahrzeugführung und Luftverkehr der Technischen Universität Berlin

Die Reisebüros im Vertriebssystem der Luftverkehrswirtschaft

1962. 106 Seiten, 3 Abb., 7 Tabellen. DM 32,—

HEFT 1258

Prof. Dr.-Ing. Edgar Rössger und Dipl.-Ing. Heinz Zehle, Institut für Luftfahrzeugführung und Luftverkehr der Technischen Universität Berlin

Grundlagen der Raumfahrzeugführung

1963. 344 Seiten, 183 Abb., 49 Tafeln. DM 112,50

HEFT 1267

Prof. Dr.-Ing. Edgar Rössger und Dipl.-Ing. Wolfgang Breitung, Institut für Luftfahrzeugführung und Luftverkehr der Technischen Universität Berlin-Charlottenburg

Flugwege geringsten Zeitbedarfs. Teil I

Flugbetriebliche und meteorologische Kriterien für eine Nachkalkulation des transozeanischen Strahlluftverkehrs

1964. 113 Seiten, 25 Abb., 3 Tabellen. DM 64,—

HEFT 1268

Prof. Dr.-Ing. Edgar Rössger und Dr.-Ing. Rainer Bernotat, Institut für Luftfahrzeugführung und Luftverkehr der Technischen Universität Berlin-Charlottenburg

Erarbeitung der physikalisch-meßtechnischen Grundlagen für eine Kompensationsmethode an Erdfelddetektoren in magnetkompaßgestützten Navigationsanlagen in Großflugzeugen

1964. 76 Seiten, 33 Abb., 4 Tabellen. DM 38,80

HEFT 1289

Priv.-Dozent Dr.-Ing. Franz-Josef Ruhrberg und Dipl.-Ing. Edmund Buchta, Forschungslaboratorium für Medizinische Akustik der Hals-, Nasen- und Ohrenklinik der Medizinischen Akademie, Düsseldorf

Untersuchung der Überfluggeräuschspektren häufig eingesetzter Verkehrsflugzeuge an Standardmeßpunkten

1964. 63 Seiten, 41 Abb., 4 Tabellen. DM 34,80

HEFT 1454

Prof. Dr.-Ing. Edgar Rössger und Priv.-Doz. Dr. rer. nat. Gerhard Ränike, Institut für Flugführung und Luftverkehr der Technischen Universität Berlin-Charlottenburg im Auftrage der Deutschen Gesellschaft für Ortung und Navigation e. V., Düsseldorf

Optimale Flugwege

1965. 125 Seiten, 44 Abb., 3 Tabellen. DM 68,—

HEFT 1531

Prof. Dr.-Ing. Edgar Rössger und Priv.-Doz. Dr. rer. nat. Gerhard Ränike, Institut für Flugführung und Luftverkehr der Technischen Universität Berlin, in Verbindung mit der Deutschen Gesellschaft für Ortung und Navigation e. V., Düsseldorf

Beiträge zu physikalischen und verfahrenstechnischen Problemen der barometrischen Höhenmessung in der Luftfahrt

HEFT 1620

Prof. Dr.-Ing. Edgar Rössger und Dipl.-Ing. Günter Sögtrop, Institut für Flugführung und Luftverkehr der Technischen Universität Berlin

Der Überschalluftverkehr

Teil 1: Grundlagen der Technik und des Betriebes von Überschall-Verkehrsflugzeugen für den gewerblichen Verkehr *In Vorbereitung*

HEFT 1621

Prof. Dr.-Ing. Edgar Rössger und Dr. rer. nat. Gerhard Ränike, Institut für Flugführung und Luftverkehr der Technischen Universität Berlin

Der Überschalluftverkehr

Teil 2: Gitternavigation unter besonderer Berücksichtigung der Navigation von Überschall-Verkehrsflugzeugen und der Navigation in hohen geographischen Breiten. *In Vorbereitung*

HEFT 1658

Priv.-Doz. Dr.-Ing. Helmut Zeller, Aerodynamisches Institut der Rhein.-Westf. Technischen Hochschule Aachen

Direktor: Prof. Dr. phil. Alexander Naumann

Eindimensionale Strömung in Strahlapparaten

In Vorbereitung

HEFT 1667

Prof. Dr.-Ing. Franz-Josef Meister, Wissenschaftlicher Rat und Professor an der Medizinischen Akademie Düsseldorf

Der Störschall von Sport- und Reklameflugzeugen

In Vorbereitung

Verzeichnisse der Forschungsberichte aus folgenden Gebieten können beim Verlag angefordert werden:

Acetylen/Schweißtechnik – Arbeitswissenschaft – Bau/Steine/Erden – Bergbau – Biologie – Chemie – Druck/Farbe/Papier/Photographie – Eisenverarbeitende Industrie – Elektrotechnik/Optik – Energiewirtschaft – Fahrzeugbau/Gasmotoren – Fertigung – Funktechnik/Astronomie – Gaswirtschaft – Holzbearbeitung – Hüttenwesen/Werkstoffkunde – Kunststoffe – Luftfahrt/Flugwissenschaften – Luftreinhaltung – Maschinenbau – Mathematik – Medizin/Pharmakologie – NE-Metalle – Physik – Rationalisierung – Schall/Ultraschall – Schiffahrt – Textilforschung – Turbinen – Verkehr – Wirtschaftswissenschaften.

SPRINGER FACHMEDIEN WIESBADEN GMBH